イヌの「困った!」を解決する

おやつがないと言うことを聞けないの?
飼い主を咬むのはナメているからなの?

佐藤えり奈

SoftBank Creative

著者プロフィール

佐藤えり奈（さとう えりな）

京都市生まれ。米国ミネソタ大学生物科学部生態進化行動学科卒業。生物学、動物の生態・行動学を学んだのち、英国のピーター・ネヴィル博士に師事しながら、COAPE（Centre of Applied Pet Ethology）にてディプロマ修了。現在、京都を中心にイヌの問題行動を解決するペット心理行動カウンセリングを行い、日本大学発のベンチャー企業であるスノードリーム株式会社でもカウンセラーを務める。飼い主向け・獣医師向けのセミナーも行っている。

犬猫のきもちを考えた英国式ペット心理行動カウンセリング
http://www.petbehaviorist.info/

本文デザイン・アートディレクション：株式会社ビーワークス
イラスト：伊藤和人
（http://www.seesawland.com/）

はじめに

私がイヌの問題行動を解決する専門家、「行動カウンセラー（behaviorist）」の存在を知ったのは、図書館でふと手にした1冊の本でした。そこには行動カウンセラーの先駆者、ピーター・ネヴィル博士によって、さまざまなイヌの問題行動と解決法が書かれていました。

当時、まだ中学生だった私には分厚い本だったにもかかわらず、あっという間に読み終え、「将来は絶対この仕事をしたい」と、胸に熱い思いが込み上げてきました。この思いは募るばかりで、イヌやネコといったコンパニオンアニマルの先進国である米国に渡り、行動学を学びました。しかし当時は、その米国ですら、「イヌの精神科医（ネヴィル博士は著書で自身をこう称していた）になるために日本からきた」などと話すと笑われたものでした。

それから10年以上たった現在、私たちが暮らす環境はずいぶん変わってきましたが、**イヌが暮らす環境も様変わり**しました。イヌはもはや「番犬」としての存在ではなく、私たちにとって「癒し」や「子ども」のような存在としても求められるようになっています。

この結果、イヌの「問題行動」も明らかになってきました。そしてこの問題行動を解決するために、10年以上前であれば信じられなかったであろう、イヌの精神科医、行動カウンセラーが必要になりつつあるのです。

では、イヌの問題行動を解決するにはどうすればいいのでしょうか。この問いに答える前に、そもそもイヌの問題行動とはなんなのかを考える必要があります。イヌの問題行動は、飼い主にとって問題行動に見えても、イヌにとってはまったく正常な行動であることも多いからです。この違いを知るにはイヌの生態、イヌの行動学を知ることが欠かせません。そして、なによりも重要なのは、イヌにも人と同じように、感情や気分があることを認識することです。「そんなの知ってるよ」という方も多いかもしれません。けれども、イヌの問題行動で悩む飼い主の多くは、しつけの本や行動学の本を読みあさるうちに、「イヌにも感情や気分がある」ことを忘れてしまいます。そして「吠えないようにするには……」「咬まないようにするには……」と、本を読みながら自分がイヌにしてほしいことを試して、そのとおりにいかないと「ダメだった……どうしよう」と落胆して悩んでしまいます。

でも、忘れないでください。イヌはロボットではありません。問題行動が起こったら、**「あなたの」イヌの気持ちを考えてください**。問題行動が起こると周りの人やイヌに腹を立てる飼い主もいます。自分自身を責めて、罪悪感にさいなまれる飼い主もいます。でも、誰が悪いわけでもありません。イヌと人とのコミュニケーションが少しすれ違っただけなのです。

すれ違いは、放っておくとひどくなってしまうので、先送りしてはいけません。ほんの少しの調整ですむときもあれば、大きな努力が必要なときもありますが、かならずすばらしい関係を再構築できます。そのために、私たち行動カウンセラーがいるのです。問題行動は、飼い主が「どうしてイヌがそんな問題行動をとるのか」と考え、**イヌの気持ちを正しく理解して初めて解消します**。もちろんイヌの気持ちがわかれば、これまでよりもっと楽しく、愛犬と生活できるようになることでしょう。

本書は「飼い主とイヌの幸せな関係づくりのお手伝いができるように」という気持ちを込めて書きました。イヌの問題行動に悩んでいる方、イヌを飼おうと考えている方にいくらかでもお役に立てば幸いです。暗い表情の飼い主さんと険しい顔をした愛犬の表情が徐々に活き活きしていくのを見ると「ずっと夢だった行動カウンセラーの仕事をしていてよかった」と心から思います。

最後になりますが、本書の刊行にご尽力いただいた科学書籍編集部の石井顕一氏、すてきでかわいいイラストを描いてくださったイラストレーターの伊藤和人氏、そして私の夢を支えてくれた家族に心から感謝いたします。

A special thank you to Dr. Peter Neville for sparking my interest in pet behavior.

2012年2月　佐藤えり奈

イヌの「困った!」を解決する

おやつがないと言うことを聞けないの? 飼い主を咬むのはナメているからなの?

CONTENTS

CONTENTS

第1章

イヌの問題行動とは?

1-1 イヌの気持ちになってみよう

私たちのもとに寄せられるイヌの「**問題行動**」でもっとも多いと思われるのが「咬《か》む」といった攻撃関連の問題です。

飼っているイヌが小さいころからよく家族に咬みついていた——「この子はそういう犬種だから」「この子わがままなのよ」と笑っていた飼い主も、「ご近所さんを咬んでしまった」とか、「病院に行って10針も縫うはめになった」となって初めて、事の重大さに気がつくことになります。

ほとんどの飼い主は、最初は問題とも思っていなかった出来事を、他人を巻き込んだり、自分で解決できないと気がついたとき、初めて問題行動として認識するのかもしれません。これは「イヌの問題行動」ではなくて「人間の問題行動」といえなくもありません。なぜならイヌが育った環境、飼い主がイヌに対してとってきた行動をイヌの目線で見たとき、それは「当然の結果」であり、その原因をつくったのは、**ほとんどの場合、飼い主である人間の責任**だからです。

忘れないでいただきたいのは、問題行動は**「放っておけばなくなる」ことはほとんどない**ということです。「まだ子イヌだから」「大きくなったら落ち着くよ」——こういった理由で放っておいても、問題行動はなくなるどころかさらに悪化します。そして悪化していく問題行動にどう対処すればいいか相談する相手もいないまま、しつけ本を読みあさり、自分で試行錯誤してさらに悪化するという悪循環が起こってしまうのです。イヌが、人間社会の中で生きていくうえで、最低限のマナーを守り、他人に迷惑をかけないこ

問題行動の原因は1つではない

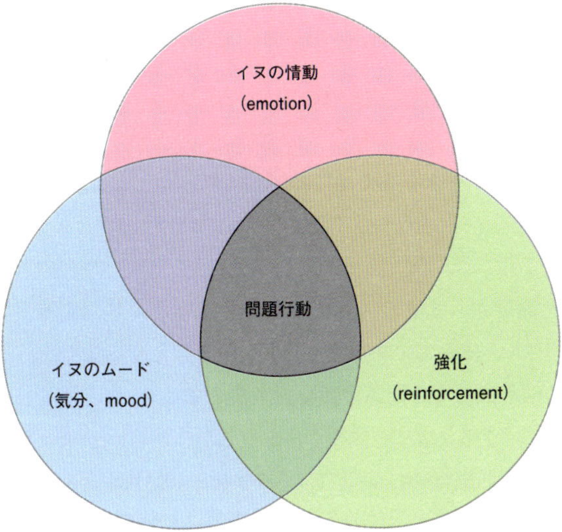

イヌの問題行動はいろいろな原因が重なっている

とは大切なことです。そしてそのマナーをイヌに教えてあげられるのは、私たち飼い主自身なのです。

●イヌの身になって考える

私たちにとっては問題行動ととれるものも、イヌにとってはあたり前の行動である場合が多いのです。イヌ自身が恐怖を感じれば、自分の身を守るために咬みつくだろうし、吠えることでなにか自分にメリットがあれば、イヌはその行動を繰り返すでしょう。だから、問題行動が起こっているからといってやみくもにイヌを罵倒せず、まず自分たち飼い主がとっている行動を見直してください。そしてイヌの気持ちになって考えてください。

イヌは理由もなく問題行動を繰り返しません。

そこにはきっとなにか原因やイヌたちからのメッセージがあります。イヌの問題行動は病気ではありません。対処が早ければ早いほど改善しやすいし、これから何年もイヌと暮らしていくことを考えれば、放置しないことでその残りの時間が苦しみから楽しみに変わることは間違いありません。

私たちがイヌの問題行動を取り扱うとき、「EMRA※テクニック」というものを用います。これは、のちにくわしく解説しますが、問題行動をとるイヌの情動(Emotion)、イヌのムード(気分、Mood)、イヌがその問題行動を繰り返す、つまり強化(Reinforcement)する原因を診断(Assessment)する方法です。

イヌの問題行動の原因がたった1つということは少なく、さまざまな原因が複雑に絡み合っていることがほとんどです。本書を読み進めていくうちに、それがなぜなのか見えてくるでしょう。

※ EMRA : Emotion Mood Reinforcement and Assessment

1-2 イヌだって感情がある!

「私、この子の気持ちなんて考えず、自分がこの子にやってほしいことばかり考えていました」——これは私のクライアントのひと言です。忘れないでほしいのは、「イヌにも気持ちがある」ということです。怒り、喜び、恐れといった激しい感情は「情動」(emotion)という言葉で表します。もしかすると「イヌは動物だから気持ちなんてない！」と思う方もいるかもしれません。

少し昔までは「イヌに気持ちがある！」といっても、それを科学的に証明することは難しく、一部の科学者たちは認めませんでした。けれども今日では科学の進歩のもと、脳の研究をとおしてイヌにどの程度の感情があるのか、わかりつつあります。

情動は、古い脳といわれる「大脳辺縁系」という部分で生まれ、人間とイヌの脳の大脳辺縁系を比較してもほとんど差はありません。ただ、人間の脳の「大脳新皮質」と呼ばれる部分はイヌの脳よりも発達しているので、私たちはイヌよりも罪悪感、羞恥心、周りを気にするといった複雑な考え方ができるのです。米国の神経科学者のジャーク・パンクセップは、以下の7種類の情動が動物の大脳辺縁系で生まれると述べています。

❶探索　❷パニック　❸怒り
❹恐怖　❺快　❻遊び　❼いたわり

たとえば、お客さんがきたときに「おすわり！　おすわりしなさい！」とイヌに怒鳴ったり、押さえつけたりした経験はありませんか？　そしておすわりをせず、お客さんのもとへ行こうとするイヌに「この子、私をナメている。自分のほうが上だと思っている」とか「どうして何度もいっているのに言うことを聞かないの！」と思ったことは？

でも、イヌの気持ちになってください。「どうして目の前に大好きなお客さんがいるのに、こんなところでおすわりなんてしないといけないの！　あっちに行きたいよ！」とか、「あっちに大好きなシロがいるんだってばー！　あいさつに行きたいよー」といった

パンクセップの7種類の情動

イヌにも人と同じように情動がある。この情動を正しく理解してじょうずに利用することがイヌの問題行動を解決する

ところ。私たちと同じように気持ちがありますから、あなたの言うことを聞かないのは、ナメているから、とかそういう意味ではないのです。そしてそのイヌの気持ちを利用して、私たちがとってほしい行動へイヌを導くこともできるのです。

1-3 イヌも突然キレる?

最近、突然キレる子ども、キレやすい子どもというのが増えていると聞きます。彼らは本当に「突然」キレるのでしょうか？　それは何カ月、もしくは何年にもわたり蓄積されたものではないでしょうか？　私たちのもとにいらっしゃるクライアントで「なぜか突然咬んだ」とおっしゃる方がいます。「ほんの些細なことだったのに思い切り咬まれた」とか、「どうしてかわからないけれど突然だった」――それは**本当に突然**なのでしょうか？

原因があとででてくる条件反射によるものということもありますが、ふだんのイヌの「**ムード（気分）**」(mood) が関係していることがおおいにあります。問題行動が起こったとき、多くの人は「問題行動が起こっている瞬間」だけに注目して、その行動をなんとかなくそうとします。私はカウンセリングの際、飼い主に「この子のムードはいまどういう状態だと思いますか？」と聞きます。たいていの飼い主は「え？　ムード⁉」と不思議な顔をして考え込んでしまいます。ムードとは「楽しい気分、ゆううつな気分」のように、**ある長さをもった感情**をいいます。

たとえば、あなたが既婚の女性だとします。1週間前から仕事に追われ、残業続きで毎日大忙し。それでも会社から帰って一所懸命に晩ごはんをつくりました。でもだんなさんから「これ、塩入れすぎじゃない？」なんていわれたら？　ふだんなら笑って「そう？」なんていえるのに、「もう食べなくていい！」なんていってしまいませんか？　ストレスがたまっていたり、イライラしていたりすると、ほんの些細なことにも過剰に反応してしまう――これはイヌも同じです。問題行動が起こりはじめたときは、そのときの状況だけでなく、ふだんの生活も考えることが必要です。散歩を十分にしていたか、ちゃんと遊んであげていたか、など……。

私たちイヌの問題行動の専門家は、そのイヌのムードが満たされるために、犬種、性別、年齢、性格などを考慮したうえで、なにが欠けているのかなどを分析します。「え？　じゃあ、私も専門家に聞かないといけないの？」と思ったあなた、まずはあなたのイヌはなにをすることが大好きなのか、イヌがふだんから楽しい気分でいられるためになにをしてあげられるのか考えてみてください。あなたは、あなたのイヌの専門家なのですから。

遊びやコミュニケーションの不足に要注意

「飼いイヌに突然咬まれた!」という方はたくさんいるが、実は積もり積もった不満が爆発したというケースが多い

1-4 イヌは日々学習している

「うちのイヌってとってもお利口なの。おすわりもお手もできるのよ」——おすわりやお手ができるようになったのは、おすわりやお手を「学習」したからです。私たちはイヌにどういう行動をとるべきか教えられます。そしてそれをイヌは学習します。

常に心にとめてほしいのは、私たちが自主的に教え、イヌがその行動を学ぶほかにも、イヌは常に学習しているということです。そう、私たちにとってよいことも悪いことも！

では、イヌはどのように学習しているのでしょうか？

イヌは、自分の身の周りで起こる出来事を、常に関連づけて学習しています。イヌの学習の仕方は大きく分けて2つあります。

1 まずは「古典的条件づけ」です。「パブロフのイヌ」の実験の話を聞いたことがありますか？　ベルを鳴らしてから食餌をイヌに与えると、イヌはベルの音を聞いただけでよだれをたらすようになるというものです。最初はなんの意味もなかったベルの音が、食餌と関係していることを学習したイヌの反応です。

飼い主がイヌを叩いてばかりいると、イヌは飼い主が手を上げるだけで防御反応を示すようになります。ほかにもリードを取りだす飼い主を見ると、散歩に行けると思って興奮する、仕事に行こうとする飼い主が鍵をもつと、飼い主がいなくなると察知してそわそわしだすなどです。

私たちが特に教えていなくても、イヌたちは学習しているのです。そしてイヌはこれらの行動を無意識にしています。

古典的条件づけ

ベルを鳴らしてから
食餌を与えると……

ベルが鳴るだけで
よだれがでる

オペラント条件づけ

偶然ひもを引っ張った
ところ……

扉が開いた！　ネコは
「ひもを引っ張れば扉
が開いて食餌にありつ
ける」と学習し、この
行動を繰り返す

2　もう1つは「オペラント条件づけ」または「道具的条件づけ」と呼ばれるものです。これは、「行動した結果、環境になにが起きたか」によって行動を決めるというものです。古典的条件づけと違うのは、イヌが無意識ではなく自発的に行動していることです。

有名な実験があります。米国のエドワード・ソーンダイクという学者がネコを箱に入れました。箱にはひもがぶらさがっていて、ネコが偶然ひもを引っ張ったら外にでられ、食餌を得られました。すると次からネコは、箱に入れられるとすぐにひもを引っ張って外にでようとしました。学習したわけです。

ここまで読んで「私はネコを飼っていないし、箱に入れてもいないし関係ないわ」と思った方はいませんか？　こう考えてください。あなたのイヌが食卓にすわってごはんをおねだりして吠えたとき、「はいはい、わかったわよ」といってごはんを与えたことのある人は？　来客がきたとき吠えるイヌに「もーわかった、静かにしなさい」といって抱っこしたことのある人は？　このとき、イヌは吠えればごはんをもらえる、吠えれば抱っこしてもらえるということを学習しているのです。

飼い主が教えたつもりはなくても。

大切なのは、飼い主がとる行動によってイヌの行動が変わることです。食卓にすわっているとき、イヌが「ごはんをちょうだい！」と吠える。そこでごはんをあげてしまうと、ごはんが欲しい→吠える→ごはんをもらえる、と学習し、次からもごはんが欲しいと思ったら吠えるようになるでしょう。けれども、吠えてもごはんがもらえなかったら、ごはんが欲しい→吠える→なにももらえないと学習します。イヌは常に学習していることを忘れてはいけません。

1-5 飼い主のその行動、イヌにとってはご褒美です

「イヌにとってのご褒美《ほうび》」というと、なにを想像しますか？　愛犬が大好物のごはんやおやつ。ほめたりなでたりすること——ほかには思い当たりませんか？　実はご褒美ってこれだけじゃないんです。そればかりか、これらがご褒美ではなくなってしまうときもあるんです。

ご褒美ってなに?

飼い主も予想外のものが、なんでもご褒美になってしまう

どういう意味か説明していきましょう。「ご褒美はなに？」という問いの答えは「なんでもご褒美になっちゃう」です。ご褒美は「そのときイヌが欲しいもの、してほしいこと」です。それがおやつや、ほめてもらうこととはかぎりません。たとえば、イヌが家の中から外にでたがっているとき、ドアが開いて「外にでられること」がご褒美になります。

イヌがあなたの注意を引くためにワンワン吠えていたら「静かにしなさい！」と注意されることがそのときのご褒美。「吠えたら、お母さんがこっちを向いてくれたよ！　わーい」というわけです。スリッパをくわえて走り回っていたら「やめなさい！」といって追いかけていませんか？　これはあなたに追いかけられることがイヌのご褒美になっています。

飼い主は注意しているつもりでも、それはイヌたちにとってご褒美になっていることが多いのです。そして私たちは知らず知らずのうちに、好ましくない行動にご褒美をあげているのです。おいしいものや、ほめることだけがご褒美ではありません。

ふだんの生活でなにがイヌのご褒美になっているのか考えて生活してみてください。きっと私たちは、驚くほど好ましくない行動にご褒美をあげていることに気がつきますよ！

1-6 「たまにもらえる」から、おやつはうれしい!

1-4で、イヌはオペラント条件づけという学習の仕方、つまり「行動した結果、環境になにが起きたか」で行動を決めることがあると説明しました。「刺激」→「反応」→「結果」という3ステップ（三項随伴性）で学習されるということです。「きっかけ」→「イヌがどういった行動をとるか」→「その結果なにが起こったか」ということです。イヌにとってなんらかのメリットがあるかぎり、その行動を繰り返し、その行動をひんぱんにとるようになります。

これを、行動が「強化」(reinforcement) されたといいます。

この強化はイヌだけでなくほかの哺乳類、私たち人間の生活のなかでも、知らず知らずのうちに発生していることがあります。イヌがひどく吠えるのも、小さな子が欲しいものがあるたびにダダをこねるのも、好ましくない行動が強化されているからです。

ここでは正の強化、負の強化の2種類についてお話ししましょう。どちらも行動の頻度が上がることをいいますが、正の強化はイヌにとってうれしいことや物（正の強化子）があるときに起こります。逆に、負の強化は、イヌにとって嫌なこと（負の強化子）がなくなるときに起こります。正の強化子はイヌにとっての「ご褒美」、負の強化子はイヌが「避けようとするもの」です。

●イヌを見ると吠える理由は1つではない

たとえば、お散歩中に、ほかのイヌを「ワンワン！」と吠えるイヌがいます。吠えるようになった原因は、2つ考えられます。

1つは、ほかのイヌが大好きで「いっしょに遊びたいよ！」と

正の強化と負の強化

イヌがほかのイヌへ同じように吠えても、吠える理由は正反対のことがある

思っているイヌが、「イヌを見る」→「吠えて引っ張る」→「イヌと遊べる」と学習したケースです。飼い主が、興奮して吠えるイヌに引っ張られながら、ほかのイヌのそばに行くようだと、こういうことが起こるようになります。これが**正の強化**です。

もう1つは、苦手な相手に「こっちにきてほしくない」と思っているイヌが、「イヌを見る」→「吠えて引っ張る」→「イヌがいなくなる」と学習したケースです。自分が吠えることで、苦手なイヌの飼い主が「飛びかかられてはかなわない……」などと思い、イヌを連れてその場を離れるようなことが何度もあると、こういうことが起こるようになります。これは**負の強化**です。

どちらも「吠えて引っ張る」という行動が強化されていますが、

そのときのイヌの気持ちは正反対です。正の強化は、イヌにとってうれしいことがあるときに発生し、負の強化はイヌにとって嫌なものがなくなり、ほっと安堵の気持ちを感じるときに発生します。イヌの困った行動は、まずイヌの気持ちを考えて、なにがその行動を強化しているのかを見極めることが肝心です。

●正しいおやつのあげ方とは？

たまに、しつけをするとき、おやつを使うことを嫌がる訓練士の方や飼い主がいます。「おやつでイヌをつるのは嫌」「おやつでごまかすのは嫌」といいます。しかし、おやつはイヌの注目をひいたり、ごまかすためのものではありません。おやつは、行動を強化するための道具にすぎません。

学習は、「刺激」→「反応」→「結果」のステップで行われますが、「おやつを見せること」が「刺激」になっていませんか？　おやつが「刺激」、つまり「きっかけ」になっているわけですから、それではおやつがないとイヌは言うことを聞きません。行動が強化されていないからです。

では、正しいおやつの使い方を解説します。まず、おやつがきっかけにならないよう、おやつを見せずに「おすわり」「おいで」という言葉をかけます。この言葉を「刺激」にし、イヌがその行動をとったら、すぐにおやつを与えればよいのです。つまり、「刺激」（おすわりといったコマンドの言葉）→「反応」（イヌがすわる）→「結果」（おやつがもらえた！　いいことがあった）という流れです。こうすると、予想外のうれしい結果にイヌはちょっとびっくりして、喜んですわるようになります。

また、行動を強化するにあたり、強化子（ご褒美）を与える頻度、強化子のレベル（おやつのグレード）、タイミング（その行動をとってから1秒以内）が、とても大切になってきます。

「おすわりができるようになったからおやつはもうなし」ではなく、「たまにもらえる」というランダムな「宝くじ方式」が、強化された行動の効果を保つのにいちばん効果的なのです。

おやつは正しく使えば、「こんな行動をしたらうれしいことがあったよ！」とイヌのモチベーションを上げ、よい行動を強化するのにとても役に立ちます。

人間だってそうです。いつも黙って奥さんがつくる食事を食べているだんなさんが、たまに「おいしいよ」とか「ありがとう」といってくれると、奥さんは次回食事をつくるとき、はりきってしまうものです。「おいしいよ」「ありがとう」の言葉は、ご褒美です。人間もイヌもたまには、ご褒美が必要です。

人でも正の強化、負の強化はある

正の強化の例

負の強化の例

実は人でも同じだ

1-7 イヌのボスになれば問題行動は起こらない？

私のクライアントのほとんどが口をそろえていうひと言は「この子、自分のことがいちばん偉いと思っているんです」「私はこの子にナメられているんです」といったもの。「飼い主はイヌのボスにならなければナメられる、言うことを聞かない」—この考え方は、いまから20年以上前に欧米から日本にもち込まれた、**科学的根拠のない俗説**です。

イヌの祖先である狼が「**パック**」と呼ばれる群れをつくって生活することから、昔の研究者は人間社会で暮らすイヌの生活を、狼のパックルールにあてはめました。群れの中で最強の狼が「アルファ」と呼ばれるボスになり、群れの下位の狼はボスの支配下にある階級社会だと考えられていました。

しかしこれは、実験のために「隔離された環境（captive environment）」での様子。通常、自然界の狼の群れは、おもに父、母やその子どもたちで構成され、「ボスの支配下にある階級社会の群れ」というよりは、厳しい自然界で子孫を残していくための「**協力的な群れ**」です。

だいいち、狼たちは群れのボスになるため年中チャンスをうかがっているわけではありません。ボス争いをしてケガをすれば群れの生存率を下げてしまいます。ボスの座をめぐって争うのは「**繁殖のチャンス**」を得るときです。ボスになった狼だけがメスと交尾して繁殖のチャンスを得られるからです。これは人間といっしょに暮らしているイヌにとっては必要のない争いですよね。

問題行動を防ぐには、ボスになるのではなく、「けじめをつける」

野生の狼の群れは階級社会ではない

野生の狼はボス争いが激しいイメージがあるが……

実は野生の狼は協力的な群れをつくる。子どもに食餌をゆずったり、
血縁関係のある狼が子どもの狼のめんどうを見ることもある

ことが重要です。よいことをしたときは思いきりほめる。悪いことをしたときには、悪いということをちゃんと教える。イヌの「おばあちゃん」にならないということです。一般的に「おばあちゃん」は孫にやさしいものです。たまにしか会わない孫に会うと孫の欲しいおもちゃをつい買ってあげたくなるし、とてもかわいいから、悪いことをしてもあまり叱りません。すると、孫から見たおばあちゃんは、「なにをしても怒らないし、好きなことをさせてくれる存在」になってしまいます。とはいえ孫も「自分はおばあちゃんより上の存在」と思っているわけではありません。

大事なのは「なんでも許してくれるおばあちゃん」や「ガミガミうるさいお母さん」ではなく、「**よいことはほめてくれる、悪いことは叱ってくれるお母さん**」になることです。

1-8 「社会化期」にいろいろな経験をさせてあげる

ほかのイヌと仲よくできない、ちょっとした物音にものすごく怯える。こういった問題を抱えているイヌは子イヌ時代、適切な時期にあまり社会化を経験する場を与えられなかったのかもしれません。イヌの性格は、遺伝だけではなく、社会化の時期がおおいに関係しているのです。

イヌの「**社会化期**（臨界期：critical periodともいう）」と呼ばれる、生後3～12週の約3カ月は、イヌの今後の人生（犬生）に大きな影響を与える大切な時期です。**この期間に経験したことで、今後の性格が決まる**といっても過言ではありません。この期間にほかのイヌや人、さまざまな環境にさらされることなく育ったイヌは、大きくなってからもほかのイヌや人に過剰に怯えたり、興奮しやすくなったり、学習能力が落ちたりするものです。いままで経験しなかったことや見慣れないものにも消極的で、大げさに怖がったりします。

子イヌは社会化期の間に、母親のぬくもりや兄弟犬と遊ぶことで、咬む強さの制御、コミュニケーションの取り方を学んでいきます。特に6～8週は、社会性を育むのに最適な時期なので、この間は特にさまざまな経験をさせてあげるとよいでしょう。ただし、8～10週は「**恐怖の刷り込み**」と呼ばれる時期で、この間に体験した恐怖は、あとにトラウマになってしまうことがあるので気をつけなければいけません。たとえば、この時期にワクチンの注射を受けるため、車に乗せて病院へ行ったイヌが、その後、車に乗ることがトラウマになり乗れなくなってしまったこともあります。

イヌは平均して、生後49日で危険だと感じたものを避けようとします。ですからこの時期までは、さまざまなものを見せても恐怖を感じるより、好奇心をもって物事を学びます。おもしろいことに、**犬種によってこの危険を認識しだす時期は異なります。**

大型犬のジャーマン・シェパードは生後35日ですが、同じ大型犬でもラブラドールは生後72日です。つまり、生後40日のジャーマン・シェパードが「危険だ！」と思っても、生後40日のラブラドール・レトリバーは、まだそれを危険だと思わないのです。

ちなみに、生後12週を過ぎてしまっても、若年期といってまだまだ子イヌは精神的にも身体的にも成長中です。子イヌから若者犬へ、毎日がお勉強なので、いろいろな経験をさせてあげてください。

危険を認識する時期

見慣れないものを見たとき、生後40日のジャーマン・シェパードは警戒するが、生後40日のラブラドール・レトリバーは警戒しない

サイエンス・アイ新書 10周年キャンペーン開催中!

「あらゆる不思議を科学する」をコンセプトに2006年に創刊したサイエンス・アイ新書シリーズは、おかげさまで10周年を迎えました。日頃のご愛読に感謝の気持ちを込めて、**《サイエンス・アイ新書10周年キャンペーン》**を開催いたします!

キャンペーンサイト オープン!

http://sciencei.sbcr.jp/10th/

- ●特製スマホ壁紙を毎月プレゼント!
- ●10周年キャンペーン詳細情報

随時更新中! 今すぐブックマーク!!

特製スマホ壁紙サンプル

※こちらの画像はサンプルです。実際の壁紙とは異なる場合があります。予めご了承ください。

豪華プレゼントもご用意!

10周年を記念して、キャンペーンサイトでは豪華プレゼントをご用意いたしました! プレゼントの内容は当チラシ裏面をご参照ください。

SBクリエイティブ株式会社　東京都港区六本木2-4-5　TEL.03-5549-1201

サイエンス・アイ新書 10周年キャンペーン 応募券

1-9 手に余るイヌの問題行動は1人で悩まないで

もし問題行動が起こってしまったらどうすればよいのか——私たちのもとにやってくる飼い主は、ほとんどが、本に載っていることや人に聞いたことを試しても状況が悪化し、「どうしようもない！」という限界でやってきます。最初は問題行動というほどのものではない小さな出来事だったかもしれません。ただ、それを治そうとすればするほど、事が重大になってしまったというケースが多く見られます。

問題行動は放っておいても治りません。そればかりか悪化することもあります。問題行動だと思ったとき、決して「このイヌはこういう性格だからしょうがない」などとあきらめないでください。「どうしてこのイヌを飼ってしまったのだろう」「このイヌさえいなかったらもっと楽なのに」という思いが頭をよぎるかもしれません。しかしその子が家にきたとき、問題行動が起こる前は楽しいときもあったことを忘れないでください。

あなたはこれからそのイヌと5年、10年もいっしょに過ごしていくのです。イヌは生き物です。一度イヌを飼うと決めたら死ぬまで責任をもってめんどうをみてください。必要なくなった洋服や物のように、捨てることはしないでください。

問題行動は専門家がほんの少し調整するだけで、ずっとよくなります。それに、問題行動は病気ではありません。なにか理由があるから問題が起きるのです。「むだ吠え」といいますが、イヌは理由なく吠えません。「咬む」といいますが、イヌは理由なく攻撃しません。「トイレができない」といいますが、イヌは理由なくあちこちに排泄しません。

そして、イヌの気持ちになって見てみると、飼い主に「誤解」されていることに気づくかもしれません。イヌの問題行動ではなく飼い主の問題行動だったと……。まずは1人で解決しようとせず、イヌの行動治療の専門家の助けを求めましょう。

1人で悩まない

困ったときは専門家に頼る。このとき問題行動を専門にしている獣医師や行動カウンセラー、トレーナーを選ぶことが肝心だ

まずは1対1（＋1匹）で話をしよう

1-10 行動療法ってなに?

名前●チャイ（♀）

犬種●パピヨン

年齢●1歳

パピヨンのチャイの飼い主は、咬み癖に悩んでいます。インターネットで治し方を調べていたら「**行動療法**」という言葉がでてきました。咬み癖を治すには「しつけ」が必要だと思っていたので、なにが違うのか悩んでいます。

行動療法は、行動学の視点でその原因を見つけ、解決していきます。1-4で解説した古典的条件づけ、オペラント条件づけといった学習理論でイヌの行動を変えていきます。

では、しつけと行動療法は、どう違うのでしょうか?

しつけは、イヌに私たちの社会で生きていくうえでの一般的なマナーを教えることです。子イヌのころからきっちりしつければ、むやみやたらに吠えないイヌ、おすわりや伏せをして落ち着いていられるイヌになります。しつけを怠れば、問題行動に悩まされてしまいます。マナーを教えられていないイヌが、イヌ本来の習性や行動を発揮すると、飼い主にとっての問題行動になってしまうからです。

しつけが問題のないイヌに一般的なマナーを教えるのに対し、行動療法は、**特定の問題行動を行動学にもとづいて治していきます**。問題行動は多くの場合、飼い主とイヌとのコミュニケーションのすれ違いや、好ましくない条件づけにより、深刻な問題行動に発展していることがほとんどです。

冒頭で述べたチャイの場合は、しつけではなく行動療法がふさわしいでしょう。ひと口に咬み癖といっても、その原因や咬み癖が強化されてきた過程はイヌによって異なります。逆に、まだ咬み癖がないイヌが、これからも咬み癖をつけないようにするなら、子イヌのころにしつけをするとよいでしょう。

なお、欧米ではしつけをする人をトレーナー（trainer）、行動療法を行う人をビヘイビアリスト（behaviorist）と呼びます。

行動療法の様子

英国では、行動カウンセリングの場を併設する動物病院が増えている

COLUMN1

行動カウンセラーとは?

日本のイヌの飼い主は、愛犬に問題行動があるとき、獣医師やイヌの訓練士、身の周りの犬友に相談することが多いでしょう。英国では、イヌの行動の専門家「ビヘイビアリスト(behaviorist)」に相談するという選択肢があります。英国の動物病院は、内科、皮膚科、心臓外科など人間顔負けに専門分野が分かれています。専門分野に分かれることで、獣医師は自分の分野に集中できるからです。

なかでも、もっとも忙しいといわれているのが、「歯科」と「行動科」です。行動科でイヌの問題行動の治療に携わっているのは、ほとんどが獣医師ではなく、イヌの問題行動の専門家、ビヘイビアリストです。日本では「行動カウンセラー」と呼ばれています。行動カウンセラーは、イヌの生態、行動学や心理学を学び、行動療法を用いてイヌの問題行動に取り組みます。

獣医師にはイヌの身体的な問題(臨床)を解決する役割があり、訓練士はイヌに正しい行動を教える役割があるように、行動カウンセラーはイヌの行動や心の問題を解決する役割があります。行動カウンセラーの第一人者であるピーター・ネヴィル博士は「行動カウンセラーはイヌの精神科医」と述べています。

行動カウンセラーは、獣医師や訓練士と連携して問題行動を解決することもあります。行動カウンセリングと並行して、訓練士のトレーニングクラスに参加すると効果は抜群です。

問題行動は、飼い主とイヌのコミュニケーションがすれ違うことで起きることが多いので、行動カウンセラーは、「精神科医」というよりも「通訳者」といったほうがよいかもしれませんね。

行動カウンセラー

獣医師

得意とする分野は別々なので、
じょうずに使い分けたい

トレーナー

第2章

攻撃行動を解決する

2-1 攻撃行動ってなに?

私たちが相談を受ける問題行動のなかでもっとも多いのが、イヌの「攻撃行動」です。そしてそのほとんどは、飼い主、もしくは家族のメンバーを「咬む」という行為です。家族の一員同様に接していた愛犬に咬まれてしまう――最初は咬む行為をなんとかやめさせようと、飼い主はありとあらゆる方法を試します。しかし、咬まなくなるばかりか、さらにひどく咬まれるようになってしまうことが多いのです。

その結果、飼い主は「また咬まれるのでは」と愛犬に接することやいっしょに生活していくことに恐怖を感じます。そしてついに、愛犬と接することを避けはじめ、愛犬との絆が崩れ、今度は違う問題がでてきてしまうのです。こうした悪循環に陥り、愛犬が手に負えなくなった飼い主からの連絡がくることもあります。

咬みの問題とひと言でいっても、いろいろな種類の咬みがあります。イヌが恐怖を感じ、自分の身を守ろうとするための防御の咬み、攻撃されてなるものかと積極的な攻撃の咬み、子イヌが動くものを追いかけるじゃれ咬み、歯の身体的な成長による咬みなど……。咬みの原因が違えば、対処法も1つではありません。

●イヌのムードを満たす

ここでは、前述のEMRA(Emotion Mood Reinforcement and Assessment)にもとづいて考えていきましょう。

まず、イヌが本当に些細なことで咬んだ場合、イヌのムード(気分、Mood)を考えてあげましょう。咬んだ瞬間だけではありませ

攻撃にもいろいろある

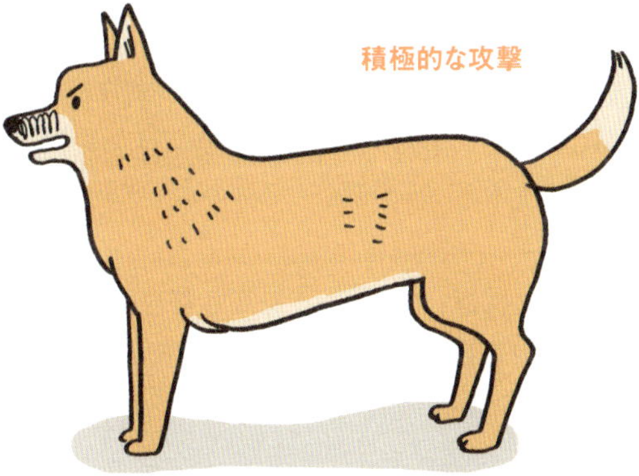

攻撃行動に問題がある場合、
対処方法はそれぞれ異なる

ん。ムードというのは、ここしばらくの間のイヌのムードのことです。ここ数週間、あなたはイヌを散歩に連れていきましたか？　いっしょに遊んであげていましたか？　イヌに注意を払っていましたか？

よく「この子は私と1日中いっしょにいるから幸せよ」とおっし

ゃる飼い主がいます。確かに飼い主が大好きなイヌにとって、飼い主と過ごせる時間は至福の時です。けれども、あくまでもいっしょにいるだけであって、イヌは人間と同じように本を読んだり、おしゃべりすることができません。イヌは社会性のある動物なので、遊ぶというコミュニケーション、散歩でほかのイヌのにおいをかいだり探索するという刺激が、イヌのムードを保つうえで欠かせないのです。

あなただって部屋に1週間、テレビも本もなしになにもすることがないまま閉じ込められていたら、気がおかしくなってしまいそうにイライラするとは思いませんか？

●イヌの情動（Emotion）を考える

次はイヌの情動（Emotion）です。人間ほど複雑ではありませんが、イヌにもうれしい、嫌だ、といった気持ちがあります。私たちがイヌによかれと思ってする、散歩から帰ってきたときの足拭き、食餌のあとの歯磨きといった行為は、イヌの気持ちになれば迷惑そのもの。そこを無理やり押さえ込むと、身動きがとれなくなったイヌの最後の抵抗手段として、咬むという行動をとるのです。イヌが咬んだとき、咬もうとするとき、**まずはイヌの視点になってみること**が大切です。

そして強化（Reinforcement）です。最初は咬むふりをするだけだった愛犬が、一度咬むとひんぱんに咬んだり、血がでるほど強く咬むようになった経験はありませんか？　そしてイヌに咬まれた瞬間、あなたはどんな行動をとりましたか？　イヌに咬まれ、きつく叱ったり、無理やり仰向けにした場合、イヌは自分の身を守ろうと、さらに飼い主に向かっていきます。「咬んでもあっちにいかないなら、もっと強く咬んでやる！」となるのです。

あなたが咬むことをやめさせようとすればするほど、イヌがさらに激しくひんぱんに咬むような場合は、**あなたが咬む行動を強化している**ことがあるのです。これから、さまざまな事例を見ながら、イヌの咬みという行動とその対処法を考えていきましょう。

「咬み」にもいろいろある

ひと口に「咬み」といってもさまざまだ。どんな咬みなのかを正確に把握したうえで対処方法を考えよう

2-2　事例——自分がいちばん偉いと思っているようです

名前●プルート（♂）

犬種●ミニチュア・ピンシャー

年齢●1歳6カ月

イヌは自分のほうが偉いと思っているから、人間の群れの中でボスになるため、自分の順位を上げようと咬んでくる——はたして本当にそうなのでしょうか？

イヌが攻撃するとき、それは自分がいちばん偉い、いちばん上だと思っているから下位のものを攻撃する、というわけではありません。ふだんの生活を見直してみる必要があります。イヌが**やっていいことと悪いことのけじめ**をはっきりさせていますか？　もしふだんからイヌにやりたい放題させていたのなら、ある行動をとってほしいときに、都合よくイヌが言うことを聞いてくれるわけはありません。

プルートの飼い主は、プルートがかわいくて仕方がありません。ふだんからプルートが「おなかすいた」と吠えて訴えれば食べ物を与え、抱っこをねだれば抱っこします。食卓テーブルの上に上れば「あら、お腹がすいたの？　おやつ？」といったぐあいです。なに1つ不自由なく、望んだものはすべてもらえる環境に育ったプルートは、少しでも気にいらないことがあると唸ります。困り果てた飼い主は、ある本に書いてあった「唸るのは、イヌのほうが偉いと思っているから」という内容を信じ、「どちらがボスなのかをはっきりさせなければいけない。私のほうが強いということを見せなければ！」と、プルートが唸るたびに、丸めた新聞紙をもちだして、プルートを叩いたり、大きな音をだして驚かしたりしました。そんなことを繰り返していた矢先、いつものように新聞紙を使ってプルートを叩こうとすると、ついにプルートに咬まれてしまったのです。それ以来、プルートは、いたずらをして飼い主が新聞紙をもとうものなら、ものすごい勢いで攻撃してくるようになりました。

●プルートにしてみれば意味がわからない！

プルートの気持ちを考えてみましょう。プルートは決して「僕が群れのボスだ！　僕のほうが偉いんだから言うことを聞け！」と唸っていたわけではありません。いつもやりたい放題でいたのに急に「机に上っちゃダメ！」と体を引っ張られても、「いつも乗ってる場所だよ。嫌だ、離して！」となります。抗議の唸りだったのです。

そこでジタバタするプルートにいきなり新聞紙で痛みを与えたら、恐怖を感じるのは当然。身を守ろうとします。吠えても、新聞紙で叩かれるので、飼い主が新聞紙をもとうものなら、すぐに恐怖を感じ、攻撃するようになりました。いよいよ攻撃をやめさせようと咬みついたら、飼い主はびっくりして新聞紙で叩くのをやめた、となれば、次からプルートが咬むようになるのは当然です。

その後、飼い主は、自分の存在がいかに偉大かを示すため、プルートを2週間ほど無視し続けました。このように「どちらが偉いかをわからせるため、甘やかしてはいけない」というと、イヌを無視する飼い主がいます。しかし無視をすると、問題が解決するどころか、イヌはなんとか飼い主の注意を引こうと「要求吠え」をしたり、ストレスがたまって怒りやすくなったり、いままでにはなかった**別の問題行動が起こる**ことがあります。実際、このときのプルートのムードは満たされておらず、かなり興奮しやすい状態で、飼い主の注意を引こうと必死でした。

プルートにしてみれば、いつも甘えたい放題だったのに急に飼い主が遊んでくれなくなったり、抱っこしてくれなくなったわけですから。

●信頼関係を構築して解決

まずは飼い主に、いまプルートに必要なのは誰がいちばん偉いかを示すために無視することではなく、**よい行動と悪い行動を教えてあげ、それにより信頼を深める**ことです、と伝えました。まずは、イライラしているプルートを、通常のムードに戻してあげることにしました。

コミュニケーションの手段として、「おすわり」「伏せ」「（くわえているものを）離して」を、もう一度プルートにきちんと教え、遊び感覚で日々の生活の中や遊びの中に取り入れました。すると2週間程度で、コミュニケーションのとり方がはっきりし、プルートが頭を使って考えるという行動の結果、ムードや飼い主との信頼関係がかなり向上しました。

次は日々の生活を見ていきました。飼い主がプルートに、よい行動、やってはいけない行動のけじめをつけます。ここは飼い主にとっていちばん難しい部分です。よくない行動をしたとき、たとえば食卓に手をかけるなどしたときは、新聞紙をもちだす代わりに「それは間違っているよ」の号令である「ノー」を使い（2-8参照）、プルートに伝えました。そして机に上らず、椅子の上にじっとすわっているときは、思いきりほめてあげました。その結果、飼い主とプルートはコミュニケーションがじょうずにとれるようになり、咬むことも唸ることもほとんどなくなりました。

こういった問題行動の解決で大切なのは、誰がいちばん偉いかを教えることではなく、コミュニケーションをきちんととり、よいことと悪いことをしっかりとイヌに教えることです。けじめをはっきりつけることが大切なのです。

私はイヌがちょっと唸るのは仕方がないことだと思います。イヌは生き物です。飼い主がやってほしいことを、常にイヌがしてくれるわけではないからです。私といっしょに暮らしている愛犬のフラッフィーは、朝、寝ているとき、たまに「起きる？」というと「ウッ」と、短く唸ることがあります。もちろん「自分のほうが偉い！」と伝えているわけではなく、「嫌だ、まだ寝ていたい」という意味です。

2-3 事例――歩いていると足に咬みついてきます

名前●モコ（♀）

犬種●トイ・プードル

年齢●5カ月

私たちはやめてほしいと叱っているつもりでも、イヌにとっては遊びになっていることがあります。スリッパをくわえて家中を走り回る子イヌ。「こらー、やめなさい！」と叱ってあとを追うのも、子イヌにとっては遊びの一環、「追いかけっこ」になっていることもあるのです。歩いていると足に咬みついてくる、これもイヌにとっては「足追いかけっこ」、そしてあなたが避けようとすればするほど、子イヌにとっては**白熱した追いかけっこ**になっているかもしれません。

モコの飼い主は1人暮らし。仕事が忙しく、朝の8時半から夜の7時までたった1匹でお留守番です。飼い主が朝会社にでかける前、着替えたり、洗面所を行ったりきたりするとき、会社から戻って晩ごはんの仕度をするとき、モコは飼い主の足に咬みつきます。

飼い主が「やめなさい！」と叱ったり、叫んだり、モコをつかまえようとすればするほど、やめるどころか尻尾をちぎれんばかりに振って、さらに足に咬みついて楽しんでいるようでした。

それもそのはず、モコにとって「足追いかけっこ」は**叱られることよりもずっと魅力的**なのです。

こんな遊び方だとイヌは満足しない

イヌは飼い主が本気で遊んでくれているかどうかすぐわかる。やる気のない遊びではイヌの欲求を満たせない

●遊ぶときは本気で遊ぶ

モコの場合、まずはふだんのムードから見ていきました。生後5カ月の子イヌ、しかもモコは好奇心いっぱいのトイ・プードル。毎日満たされたムードを保つには相応の「イベント」が必要です。飼い主が帰ってきてから1日15分の散歩だけでは、満たされたムードを保てません。1日中、なんの楽しみもないモコにとって、朝晩の飼い主との「足追いかけっこ」は、唯一の楽しいイベントでした。

まずは、モコがふだんから満たされたムードで生活できるよう、散歩の回数を増やし、1匹でお留守番している間に刺激があるよう、おいしいおやつを詰めたコング（おやつを詰められるゴム製のおもちゃ）や牛皮ガムを与えるなどしました。

本気でイヌと遊ぶ

本気で5分遊ぶことは、だらだら15分遊ぶことに勝る

遊ぶ時間も増やしました。狼やそのほかの動物は、子どものころに遊び行動が見られますが、成長するとともに減っていきます。けれども、イヌは大人になっても遊び行動が見られる「幼態成熟動物」です。イヌにとっての遊びは、子イヌのころは体の動かし方や咬む力の強さ、ほかのイヌに対するボディランゲージのとり方などのコミュニケーションを学ぶ場で、成犬ではイヌの探索系統（探索したいという欲求）を満たし、仲間との絆を強くする、生きていくうえで不可欠な行動なのです。そんなイヌにとって、遊びは飼い主との絆を深めるコミュニケーションとともに刺激でもあり、ストレス発散につながります。

モコの飼い主は、朝は忙しく、夜は仕事で疲れているので、あまりモコと遊んでいませんでした。いえ、飼い主は遊んでいるつもりでも、モコにとっては遊びではありませんでした。カウンセリングの際、私たちは飼い主に1日どれくらい遊んでいるか、どのような遊びをするかを聞きます。たいていの飼い主が「遊んでいる」と答えますが、くわしく話を聞くと、イヌにとっては遊びでない場合がほとんどなのです。

モコはボール遊びが好きということでしたが、モコの飼い主はいつもテレビを観ながらボールを投げていました。これではいけません。イヌと遊ぶときは本気で遊ぶことが大切です。ボールをもってきたら高い声を上げて喜んだり、いっしょに走り回ったりと抑揚をつけて遊ばないと、イヌも「なーんかノリが悪いなあ」とすぐに遊びに飽きてしまいます。イヌは私たちが思っているよりずっと観察力があります。

ムードを満たすためのイベントや飼い主が本気で遊ぶことで、モコのムードはかなり満たされ、2週間もするとほとんど足に咬みついてくることはなくなりました。

●咬まれたら動かずに「痛い!」と低くいう

これまで飼い主は、モコが足に咬みついてきたとき、怒ってモコを捕まえようとしていました。モコが飼い主に咬みつけば咬みつくほど「痛い！」といって足をバタバタさせ、必死にモコを捕まえようとするので追いかけっこは白熱します。

この飼い主の対応は、さらにモコを興奮させ、足に咬みつくことを強化していたのでした。

イヌが怒っているとき、どんな格好をしているか思いだしてみましょう。足をふんばり、真っすぐ相手を見て「ウ～」と唸ります。そのときイヌは、動きをぴたりと止めて、ほとんど動きません。次は、イヌがおもちゃで遊んでいるときを思いだしてください。

怒っているときの「ウ～」と比べて、「グルルル」とより激しく唸り、ぶんぶん頭を振ったり、おもちゃを引っ張ったり、動きが激しいですよね？

イヌが足にじゃれて咬みついてきたとき、「やめなさい！」と声をだして手足をバタバタするのは、イヌの遊びに応じていることになるのです。

モコの飼い主には、足に咬みついてきたとき、足をバタバタしたり、追いかけたりすることをやめて、動きをぴたりと止め「痛い！」と低い声でいうようにアドバイスしました。イヌのボディランゲージで伝えられたモコは咬むことをやめ、その行動をほめることによって、足に咬みついてくることもなくなりました。

足に咬みついてくるという問題行動で悩んでいる飼い主は多く、なんとかやめさせようと四苦八苦します。しかしその前に、イヌの気分を考えてみましょう。まだまだ遊びたい盛りの子イヌに、あなたは十分な刺激を与えていますか？　「最近忙しくて」といって、あまり遊んであげていないのではありませんか？

イヌ同士でも調子に乗りすぎたら本気で怒る

イヌが本気で怒るときは「ピタリ」と動きを止める。飼い主も同じように動きを止めて怒ると効果が高い

2-4 事例―― 痛い！　うちの子、甘咬みがひどいです①

名前●マル（♂）

犬種●マルチーズ

年齢●6カ月

カウンセリングの際、問題行動を記入してもらう欄によく書かれるのが「甘咬み」。しかし、飼い主がいう「甘咬み」は本来の甘咬みではないことがほとんどです。なぜなら、甘咬みというのは「gentle mouthing」だからです。甘咬みの問題を訴える飼い主の手には無数の歯の痕や傷が！　咬まれています（bite）。これは、あきらかに甘咬みではありません。

イヌには歯のムズムズ期が2回あります。まず1回目は乳歯が抜けて永久歯に生え変わり始める4～5カ月齢ごろ。そして2回目は永久歯があごの骨に収まる6～12カ月の間。この時期、子イヌは口の中がムズムズして不快感を覚えるので、「咬む」ことが必要になってきます。

マルは「咬むもの」を与えられていなかったので、家の柱や家具の角をボロボロになるまで咬んでいました。飼い主はマルが家具を咬んでいる瞬間を見つけては怒ったりしましたが、効果はありませんでした。子イヌにとってこの時期、咬むという欲求、行為は精神的、身体的ともに必要不可欠です。まずは咬む行為をやめさせるのではなく、咬んでもよいものを与えましょう。ではどういうものが、子イヌの咬みに必要なのでしょうか？　「咬むおも

イヌのムズムズ期

乳歯から永久歯（大人の歯）に変わる生後4～5カ月と、永久歯があごの骨に収まろうとする生後6～12カ月は、ムズムズするのでいろいろなものを咬みたがる

ちゃを与えています」とおっしゃる飼い主がよくいます。けれどもその咬むおもちゃが、まったく新しいままだったり、少しかじった形跡があったりするだけのことがあります。これは、子イヌにとっては咬みたいものではないということです。

どんな咬むおもちゃが好きなのかは、**犬種やその子の性格によって違います**。同じ月齢のチワワとダックスフンドがいても、チワワはあまり硬い木製のおもちゃを好みませんが、あごが強いダックスフンドは木製のおもちゃを好むこともあります。愛犬がどのようなおもちゃが好きなのか、いろいろ試してみましょう。なお、生後2～3カ月の子イヌは、硬すぎるおもちゃを好まない傾向にあります。

お気に入りは犬種で異なる

一般的にチワワはやわらかいおもちゃ(布製など)を、ダックスフンドは咬みごたえがある硬いおもちゃ(木製など)を好む

●この時期の子イヌにとって魅力的な咬むおもちゃとは?

1 牛皮ガム

よく「おやつ」として与えられますが、すぐ食べ終わってしまうようなガムではなく、咬むために**長もちするもの**がおすすめです。イヌにとって少し大きめぐらいがちょうどいいでしょう。ただ、のどに詰まらないよう、飼い主の目が届くときに与えてください。

2 おやつを詰められるゴム製のおもちゃ(例:コング)

咬むためのおもちゃというだけでなく、**中におやつを入れることもできる**便利なアイテムです。パピー用、中型犬用など、さまざまな大きさや硬さがあるので、いろいろ選べます。

牛皮ガムとゴム製のおもちゃ

好み、犬種、体の大きさに合わせて与えよう

2-5 事例――痛い！　うちの子、甘咬みがひどいです②

名前●チョコ（♀）

犬種●トイ・プードル

年齢●6カ月

「甘咬みがひどくて……」と相談してくる飼い主の手は傷だらけで、もはや「軽く咬む」という甘咬みの範囲を超えています。子イヌは、どのくらいの力で咬めばいいのかということを兄弟との遊びをとおして学びます。チョコは、ペットショップのケージで育ち、ほかのイヌと接触していなかったため、咬む力の強さがわかりませんでした。

●咬まれたら「痛い！」といって背を向ける

咬む力の強さを教えてあげるには、手に咬みついてきたとき、「痛い！」と高い声で対応し、背中を向けてしまいます。子イヌの遊びを見ていると、咬みついたとき、片方の子イヌが「キャン！」と高い声で鳴きます。この高い声は、「痛い！」ということなのです。こうして、遊びのなかで咬む力をコントロールしていくのです。「痛い！」と高い声をあげて、イヌの様子を観察してみてください。きっと驚いた顔をするでしょう。

チョコも手加減を知らず、遊んでいると手に咬みついてきます。咬みつかれるたびに飼い主は「痛い、痛い！　やめなさい！」と手を動かします。しかしチョコはそんな飼い主の対応を見ておもしろく感じ、さらに咬みつきます。

そこで飼い主は、チョコが咬みつくと「痛い！」と声をあげて背中を向けました。するとチョコは飼い主の対応を見てびっくりし、とまどいの表情を見せました。

このタイミングが大切です。

このようにとまどっている時間は、「どうして飼い主はかまってくれないのだろう」とイヌが考える時間です。この時間を与え、少し落ち着いたところでまたイヌのほうを向いて遊んであげます。もしまた手に咬みついてくることがあれば、「痛い！」と言って、同じようにくるりと反対を向きます。

これを繰り返しているとイヌは「飼い主の手に咬みつく」→「飼い主が遊んでくれなくなる」と学習し、咬みつかなくなります。

この場合は、「痛い」が「ご褒美がなくなる（遊んでもらえなくなる）」というサインでしたが、ふだんから「ダメ」や「ノー」といった、「ご褒美なしの言葉」をつくっておくといいですね（2-8参照）。

トイ・プードル、ヨークシャー・テリアなどは、興奮しやすいイヌです。人間の子どもも、興奮すると手足をバタバタします。それといっしょで興奮しやすいイヌは、興奮すると口をパクパクします。あまりにも興奮するようなら、前述のように、手を咬んではいけないけれど「咬んでもよいおもちゃがある」ということを教えてあげましょう。

なお小型犬の場合、こういった興奮時の咬みで好むおもちゃは、硬いおもちゃよりも、やわらかいぬいぐるみなどの布製のおもちゃです。

帰宅時など興奮する際は、玄関に「咬んでもよいおもちゃ」を置いておいたり、帰宅時におもちゃを手渡しましょう。イヌは人の手に咬みついてはいけないとわかれば、興奮したとき手ではなくおもちゃを咬みます。

「遊び」と「本気」の違いをわかってもらうには?

イヌが「遊んでいる!」と思ってしまう例

こないで!
痛いー!!
キャッ
キャッ

本気だとわかる例

痛い!!
フン!
くるっ

咬まれたとき、手足を子どものようにバタバタさせると遊んでいると思われる。
高い声で「痛い!」といい、後ろを向いてしまうと本当に痛いことが伝わりやすい

2-6 事例―マズルコントロールで咬まれてしまいました！

名前●ショコラ（♂）

犬種●トイ・プードル

年齢●1歳3カ月

1980～1990年代、欧米ではイヌの問題行動が取り扱われはじめ、イヌのトレーナーや行動の専門家が注目されはじめました。にもかかわらず、ほとんどのイヌの問題行動が「アルファシンドローム（権勢症候群）」という病気のせいだとされ、その治療法はイヌを「服従」させることだとされてきました。そしてイヌの祖先である狼の行動をまねて、服従させるための方法が考えられてきました。この考え方や方法は、その後日本にも伝わり、いまだに多くのトレーナーや専門家、そして飼い主が正しい方法だと信じて行っています。

たとえばイヌを服従させる方法として、イヌを仰向けにして押さえ込む「ロールオーバー」や、イヌの口をつかむ「マズルコントロール」があります。でも、これらを試してイヌの問題行動が解決したという人がどれくらいいるでしょうか？　私たちのもとにやってくるほとんどの人たちは、これらの方法を試した結果、さらに攻撃的になった、咬みつかれたといいます。私はいまだかつて、この方法で問題行動が治ったという飼い主に出会ったことがありません。それもそのはず、その方法は科学的になんの根拠もないからです。

まず、服従というのは、おすわりや伏せと違い、人間が教える

ロールオーバーはNG

仰向けに押さえ込むロールオーバーで「服従」を教えることはできない。
イヌは恐怖を感じるだけだ

ことはできません。イヌがみずから選んで行う行動です。イヌが仰向けになるのは、危険を回避するため、自分が相手に敵意をもっていないことを示すため、進化の過程でつちかわれてきた術です。問題行動が起こっている最中に、イヌの体をはがいじめにして、無防備な体勢をとらされれば、イヌはとんでもない恐怖を感じてしまいます。

●ちゃんとしつければマズルコントロールは不要

では、マズルコントロールは、そもそもどういう根拠で使われるようになったのでしょうか？　母イヌは、おもに離乳期のころ、子イヌの望ましくない行動に対して、子イヌを制する際に、いろいろな行動をします。たとえば、

①子イヌをやさしくなめる
②唸る
③押しのける
④口を使った抑制した咬みを行う

といった母イヌの様子が観察されています。

マズルコントロールは、④をマネた行動といわれていますが、人間が口の周りを「ぎゅっ」とつかむマズルコントロールとはまったく違います。それでもマズルコントロールを推奨する方々は、「これを『マネ』てマズルコントロールを行う」、としています。

また、子イヌが④の「口を使った抑制した咬み」を用いて育てられた場合、そうでないほかの子イヌと比べて、**飼い主に慣れにくく、遊びに対して意欲的ではなく、落ち着きがなく、凶暴**とされています。さらに興味深いことに、模範的なよい母イヌは、④

マズルコントロール

無理にマズルコントロールをすると……

マズルコントロールに恐怖感を抱いてしまう。目ヤニをとる処置や歯の検診を嫌がって唸るので大変だ

の「口を使った抑制した咬み」を用いません。よい母イヌはとても慎重で、注意深く、動きもゆっくりです。子イヌを脅したり、攻撃するというより、愛情深く、子イヌをさとすように扱います。

つまり、イヌを叱る方法は、マズルコントールだけではないし、そのマズルコントールの根拠となっている母イヌの行為も、そもそも子イヌにとって望ましいものではないわけです。

一度、私はある獣医師の前で、「マズルコントロールをしようとして咬まれた飼い主」の話をしたことがあります。すると、その獣医師は、「イヌの口の中を見るためには、飼い主が飼い犬にマズルコントロールをしつけておくのは必要不可欠」といいました。

でもこれは、ちょっと残念な考え方です。そもそも飼い主が、イヌに口周りを喜んで触らせるようしつけておけば、マズルコントロールは不要だからです。そういうしつけがなされていないから、診察・治療の際にマズルコントロールをせざるを得ないのです。

ショコラはいたずらをした際、お客さんがきて吠えた際、じゃれて飼い主の手を咬んだ際など、飼い主が好ましくないと思う行動をするたびにマズルコントロールをされてきました。そしてマズルコントロールをされるたびにショコラは唸ります。

その日も、飼い主も覚えていないほどのたわいもないことで飼い主はショコラを叱って、マズルコントロールをしました。そしてショコラが唸るのをやめたら手を放す、そして唸ったらまたマズルコントロールをする、というこの行動を、なんと2時間も繰り返していました。そしてついに唸るのをやめる代わりに、ショコラは飼い主の手に咬みつき、驚いた飼い主は手を引っ込めました。

それ以来、マズルコントロールはやめたものの、目ヤニを取ろ

危険を感じたとき咬みつこうとするのは当然

か弱い女性が屈強な暴漢に襲われたとき、もし刃物をもっていたら必死で振り回すだろう

イヌも同じように咬みつこうとする

うとしたり、歯磨きをしようと口元に手をもっていくたびに、ショコラは歯をむきだしていまにも咬みつこうとする勢いで唸るようになりました。マズルコントロールから学んだ不快な経験、口元に手→咬む→手がなくなることを学んでしまったのです。

少し考えてみてください。イヌの口には鋭い犬歯が生えているのです。怒っている、もしくは怯えているイヌの口をつかむというのは、恐怖のあまり、いまにもナイフを振りかざそうとしている人につかみかかるようなものです。もしあなたが泥棒に遭遇したとき、手にナイフをもっていたら？　泥棒から身を守るために、ナイフを振り回すかもしれませんよね。

飼い主にはいっさいマズルコントロールをすることをやめてもらい、ショコラには、おやつを使い、口周りをさわらせるよう段階をふんで慣らしていきました。

イヌを力づくで服従させようとする行為は、決しておすすめしません。服従は自発的に行う行動であり、服従の態度を示したから問題が解決するということは一概にはいえません。それればかりか、イヌがあなたのことを恐怖の対象と見てしまい、**信頼関係が崩れるばかりか、身を守ろうとして攻撃してくる可能性もある**からです。

2-7 事例——なぜかお父さんにだけなつきません……

名前●チャッピー（♀）

犬種●パピヨン

年齢●1歳6カ月

「うちの子、男の人を怖がります」。こんな話をよく聞きます。イヌは怒っているとき、「ウ〜」と低い声で唸ります。ここでちょっと考えてください、もしあなたがイヌだったら、背が高くてがっちりした人が、意味のわからない低い声で近づいてきたら、「ちょっと怖い！」と思いませんか？　イヌ、特にちょっぴり怖がりなイヌにとって、男の人は女の人や子どもよりも脅威を感じる存在であることはよくあります。

チャッピーの飼い主家族は、お父さんとお母さん、娘さん（中学3年生）の3人家族。チャッピーは、ここ1年ぐらい前からリビングをウロウロしているお父さんに向かって吠えたり、お父さんが抱っこしようとすると唸って咬もうとしたり、お父さんのそばにあまり近づきません。

飼い主もきっかけはよく覚えていないということでしたが、チャッピーがお父さんに向かって吠えるようになったのは、どうやら中学生の娘さんとお父さんがよくケンカをするようになってからのようでした。当時、中学2年生だった娘さんは反抗期真っ盛り、よくお父さんと口論になっていたようです。

もともと怖がりでちょっとお父さんを苦手にしていたチャッピ

ーは、その後、何度かお父さんが大きな声をだすたびに、お父さんに向かって吠えました。それに対してお父さんは、チャッピーを仰お向けにしたり、口を押さえたりしていました。

こうして「お父さんが近くにくる」→「嫌なこと（押さえられる）」と学習したチャッピーは、お父さんがリビングにいたり、立ち上がったり、自分のほうにやってくると「こっちにこないで！」と警告するように吠えていたのです。**お父さんも吠えられれば吠えられるほど、意地になってチャッピーを押さえつけるという悪循環**になっていました。

●お父さんを嫌な存在ではなくする

まずチャッピーに「お父さんが近くにくる」→「嫌なことがある」ではなく、「お父さんが近くにくる」→「いいことがある」と、学習し直してもらうようにお父さんのイメージアップを図りました。チャッピーが嫌がる、仰お向けにしたり、口を押さえるということはいっさいお父さんにやめてもらい、チャッピーが少しでもそばにきたら、おいしいおやつを与えました。

チャッピーが慣れてきたら、お父さんにはなるべく高い声で、楽しそうにチャッピーに話しかけたり、お気に入りのおもちゃで遊んであげるようにしてもらいました。**１カ月もするとチャッピーとお父さんの関係はかなりよくなり、毎晩の散歩にも喜んでいっしょにでかける**ようになりました。ただ、お父さんは娘さんに「お父さんの高い声、気持ち悪い！」といわれ、現在、娘さんとの関係向上にいそしんでいるようです。

男性と女性ではイヌに与える印象が大違い

一般的にイヌは、高い声を小声で話す小柄な女性よりも、低く大きな声で話す大柄な男性を怖がる

寝っ転がって高い声をだせば、お父さんも好かれるハズ

2-8 事例——無視しているのに咬みます

名前●ソアラ（♀）

犬種●トイ・プードル

年齢●1歳

「甘咬みがひどいんです」——最初、そう聞いてクライアントのもとに向かいました。そしてクライアントのお宅でカウンセリングを始めました。私たちは背の高い椅子にすわっていましたが、10分もするとソアラが、すわっている飼い主のひざの上に跳び乗ろうと飛びつきはじめました。

そのうちソアラはワンワン吠えだします。飼い主はちらりとソアラを見たものの、話を続けます。飼い主はまたソアラを無表情ににらみつけましたが、抱っこはしません。

それでも抱っこしてもらえないとなると、今度はぴょんぴょん跳びはねて、飼い主のＴシャツの袖に咬みつき、引っ張ります。そこで飼い主がひと言、「この甘咬みに困っているんです」。服の袖だけでなく、直接、手や腕に咬みつくこともあるといいます。

飼い主は「じゃれ咬み」のことを「甘咬み」ということがありますが、ソアラの咬みは、**じゃれ咬みでも甘咬みでもありません**でした。

このように、イヌの問題行動は飼い主の話だけでなく、状況を見て判断することが欠かせません。そして飼い主は、この行動をやめさせるために「無視している」と答えました。

●イヌを無視するのは難しい

イヌが予期している強化子(ご褒美)を一時的になくし、その行動の頻度を下げることは「タイムアウト法」といい、「負の罰」の一種です。たとえば、飼い主の注目(ご褒美)を引きたくて吠えているイヌを数十秒無視して、イヌの吠えを減らすことなどです。このとき「ご褒美がなくなってしまうよ」のサインとなる「ノー」や「ダメ」といった言葉を使うと効果が倍増します。

確かにソアラが飛びついたり、吠えたりぴょんぴょん跳びはねている間、飼い主はじっと見つめるだけで、決してソアラを抱っこしたり、声をかけたりしませんでした。けれども、これは本当に無視だったのでしょうか?

飼い主はひざに乗りたがるソアラを抱っこしたり、話しかけないことによって「無視」しているつもりでした。無視は「ご褒美がなくなるよ」の意味で、しつけによく用いられます。しかし、ぴょんぴょん跳びはねるソアラを「黙って見つめる」のは、無視ではありません。飼い主は注意を払っていないつもりでも、飼い主が自分を見ていれば、注意をひいていることになるのです。

ソアラからすれば、「どうしてこっちを見ているのに抱っこしてくれないの?」となり、問題行動は飛びつくだけでなく、吠える、咬みつくとエスカレートしていきます。

イヌを完全に無視するのはとても困難です。

イヌの問題行動はエスカレートし、最終的に飼い主は「もうわかったわよ」と根負けしてイヌの要求を受け入れてしまいます。すると次から、イヌは要求を受け入れてもらったところまでがんばるようになるのです。跳びはねてダメなら、跳びはねて吠える——飼い主に抱っこしてもらうための好ましくない行動をどんどん強化していくのです。

このように無視をする、いえ、正しくは無視しようとする行為はほとんどの場合、望ましくない行動をさらに悪化させてしまいます。

●跳びついてきたら「ノー」といって静かに部屋を去る

こういう場合は、なにがイヌのご褒美になっているのかを見極めなければならないので、ソアラのムードを診断しました。その結果、飼い主が仕事で忙しく、ソアラはほとんど飼い主といっしょにいられないことがわかりました。そこでソアラを満たされたムードにしてあげました。散歩の時間を少し増やし、家に1匹でいる間の刺激を与え（ガムやコング）、いっしょに遊ぶ時間も増やすというように、1日の生活にたくさんの刺激を加えると、飼い主の注目を引こうとするソアラの行動はかなり減りました。

次は、好ましくないぴょんぴょん跳びはねて咬みつく行動を、望ましい行動と置き換えます。まず、ソアラが飛びつくとすぐ飼い主は「ご褒美なし」の合図として「ノー」と静かに言って部屋をでていくようにします。イヌが正しい行動をしたとき、みなさんは「いいこ！」とか、「そうそう！」と声をかけますよね？　その反対です。

「ご褒美がなくなっちゃうよ！」という号令をイヌに教えておくといいですね。飼い主はたいてい、イヌが好ましくない行動をしたとき「こら！」とか「いけない！」と言いますが、イヌはその好ましくない行動をそのまま続けているため、「ご褒美なしの言葉」として学習していません。そしてドアを閉め、数十秒してソアラが静かになれば戻る、また跳びつけば外にでる、という行動を繰り返しました。

次第にご褒美なしの言葉が条件づき、「『ノー』といわれると飼い主がいなくなる」ことを学習するので外にでる必要もなくなります。逆に、ソアラが落ち着いてすわっているようならなでたり、遊んだりするようにしました。このときのタイミングがポイントです。

その結果、ソアラは飛びつけばご褒美（この場合は飼い主）がいなくなってしまうだけでなく、おとなしくすわっているとさらなるご褒美（飼い主＋遊びやなでてもらえる）がやってくることを新しく学び、問題行動はなくなりました。イヌにとってなにがご褒美になっているのかを見極めるのはとても大事なことなのです。

2-9 事例──ブラッシングをしようとしたら唸ります。どうして？

名前●アラン（♂）

犬種●ミニチュアダックスフンド

年齢●9カ月

アランは、子イヌのころからブラッシングが大嫌い。飼い主がブラッシングしてあげようとブラシを持つたびに、アランは部屋中を逃げるようになりました。飼い主はしかたなく逃げるアランを追いかけ、押さえつけてブラッシングをするようになりました。するとアランは、そのたびに唸るようになりました。

実はこれ、とても危険な行為！　唸るという行為はイヌにとって警告の意味です。「いいかげんにやめて～！　そうじゃないと本気で怒るよ！」とブラッシング中、抗議しているのです。

この警告を無視してアランの嫌いなブラッシングをし続ければ、「警告しても意味がないならしょうがない！」と「ガブリ」と咬まれてしまうでしょう。残念ながらイヌは、**毛がからまってしまうからブラッシングをしてあげよう、という飼い主の気持ちを理解できません**。イヌからすれば、追いかけられて、押さえつけられ、トゲトゲのついた棒で自慢の毛をくしゃくしゃにされるという気分でしょう。

こういうとき、飼い主も意地になってしまい、無理やり押さえつけてしまいがちです。けれどもイヌにとって嫌なものは嫌なのです。ここで大切なのは、唸っているイヌを押さえつけるのではなく、唸らせないこと。どうすれば唸らなくなるのか？　それはブラッシングを好きにさせることです。このとき大切なのは、焦りすぎないことです。「ブラッシング」→「嫌なこと」ではなく、「ブラッシング」→「うれしいこと」と関連づけるのです。

このケースでは、アランがおやつを大好きだったので、「ブラシを見せる」→「おやつ」、「ブラシを体に少しだけあてる」→「おやつ」、「ブラシで5秒毛をとかす」→「おやつ」と段階をふんでブラッシングを好きになってもらいました。その結果、いまでは、ブラシを見せると飼い主のもとに飛んでくるようになりました。

ブラッシングを嫌がるワケ

イヌがブラッシングされると「いいことがある!」と学習していれば嫌がらない

2-10 事例——足をふいてあげようとしているのに唸ります

名前●ハナ（♂）

犬種●ミックス

年齢●3歳4カ月

散歩から帰ってきたイヌは、早く家の中に入っておもちゃで遊んだり、家にいる家族にあいさつをしたいものです。そこで「待ちなさい。足をふかないとお家には入れないの！」と家に入りたくて興奮気味のイヌを、無理やり押さえて足をふく——イヌの気持ちになると理不尽だと思いませんか？

早く家に入りたいイヌは当然必死に抵抗し「ガブリ！」。こうなると飼い主も意地になり、散歩から帰るたびにさらに強く押さえ込み、怒鳴ります。イヌも押さえられるのを避けようと必死に暴れ、さらに強く咬むようになります。**飼い主が必死になればなるほどイヌも必死に抵抗**し、悪循環なうえ、咬むという行為を強化してしまいます。

毎回、押さえ込んで足をふくよりは、自発的にイヌが喜んで前足をさしだしたほうが、お互いにはるかにいいと思いませんか？そう、ブラッシングのときと同様に、「足をふく」→「嫌なこと」から、「足をふく」→「うれしいこと」にすればいいだけです。

ハナは、秋田犬の血が入っていると思われ、かなり大きな体でした。無理やり押さえつけるのは難しく、唸って歯をむかれると飼い主もたじたじでした。いつもおやつが大好きなハナですが、

おすわりは魔法の言葉

おすわりの練習は、いろいろな場所や時間で行う。おすわりをすると気分が落ち着くことを学習する

するとイヌは興奮したとき、自発的におすわりするようになる

イヌが興奮しているにもかかわらず、無理やりおすわりさせようとしてもダメ。よくある間違った例だ。あくまでも自発的におすわりするようにトレーニングする

散歩から帰ってくると家の中にいるお父さんにあいさつしたくて、おやつでつって足をふこうとしても見向きもしないということでした。散歩から帰ってきたハナにとっては、おやつよりも「お父さんにあいさつしたい！」という気持ちのほうが大きいからです。

●タオルを「うれしいこと」のきっかけにする

まずは、落ち着いておすわりできるようにおすわりの練習をしました。**おすわりは魔法の言葉**です。イヌが興奮状態でも、自発的におすわりをすれば気持ちを落ち着け、考えることができます。ハナは、ごはんの前とおやつの前だけおすわりをしていましたが、おすわりの練習を、家の外や家の中など、いろいろな場所ですることにより、どこでもできるようになりました。

そして「足をふく」→「うれしいこと」になるようにします。ハナは、散歩から帰ってきた直後だとかなり興奮しています。そのためまずは、リラックスしているときに、家の中で「足をふくタオルを見せる」→「おやつ」、「前足をもち上げる」→「おやつ」と、徐々に段階を踏んでいきました。ブラッシングを嫌がるときと同様、焦りは禁物です。

その結果、2週間もすると、散歩から帰れば玄関でおすわりし、前足をだして、**足をふいてもらうのを待っている**ようになりました。体重が30kgもある、歯をむいたハナを押さえつけて足をふかなくてもよくなった飼い主は、「いまは本当に楽です！」と笑顔で話していました。

学習したハナ

タオルが「うれしいことのきっかけ」になったので、前足をさっとだすようになった

2-11 事例――なぜか自転車やバイクを、すごい勢いで追いかけます

名前●ハリー（♂）

犬種●ボーダー・コリー

年齢●3歳2カ月

人間は、イヌをさまざまな目的のために改良してきました。狩りを目的とした「ハウンドドッグ」、しとめた獲物を回収するための「レトリバー」、羊追いをするための「ボーダー・コリー」などさまざまです。これらは犬種といわれますが、生まれつき身についている動きのパターン（モーターパターン）は、犬種によって異なります。

たとえば、ボールをくわえてもってくるという動き。この動きはゴールデン・レトリバーに教えるほうがチワワに教えるよりもはるかに簡単です。ゴールデン・レトリバーは、獲物をくわえてもって帰るという習性を生まれつきもっているからです。恐らく、教えていないのにできてしまっていることでしょう。イヌはその犬種のモーターパターンに従うことで本能的な喜びを感じるのです。

●ハンターとしての本能は消せない

頭がよく、人間にも従順で、活発な性格のボーダー・コリーは、英国ではもちろん、最近では日本でもよく見かけるようになりました。しかし、頭がよいという理由だけでボーダー・コリーを都会で飼うのは大変です。なぜなら、本来、ボーダー・コリーは羊追いのイヌとして改良されているので運動量が必要なうえ、特有の

モーターパターンは犬種によって異なる

ボーダー・コリーのモーターパターンは、「狙いを定める」→「目で追う」→「忍び寄る」→「追いかける」

同じ牧羊犬でもモーターパターンは違う

ウェルシュ・コーギーのモーターパターンは、「追いかける」→「咬みつく(かじる)」

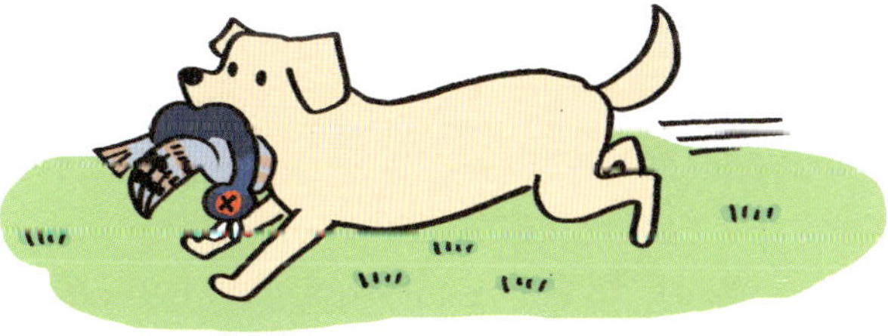

ゴールデン・レトリバーのモーターパターンは、「狙いを定める」→「咬みつく(くわえる)」

マレンマ・シープドッグなど、特定のモーターパターンがない犬種もあるモーターパターンを生かす場所が欠かせないからです。

ハリーの飼い主は、毎日、朝晩2回、各40分欠かさず散歩しています。しかしこのハリー、自転車やバイクを見るとその場から動かなくなります。エンジンがかかっているバイクに目を見すえ、バイクが発車すると同時にあとを追います。飼い主は必死で「ハリー!!」と怒鳴りながら、リードを引っ張りますが、とても危険な状況です。ハリーはバイクを追いかけている途中で車にはねられるかもしれないし、飼い主も転んでケガをするかもしれません。

これはボーダー・コリー特有の、「狙いを定める」→「目で追う」→「忍び寄る」→「追いかける」という一連のモーターパターンです。ただ、獲物が羊ではなく、バイクや自転車だっただけです。こういった行動は生まれながらのものですからやめさせるのは至難の業ですし、この行動を繰り返すこと（バイクを追いかける）でさらに強化されていきます。

●本能をじょうずに発揮させてあげる

このケースでは、ボーダー・コリーのモーターパターンを利用した遊び「フリスビー遊び」で、習性を発揮させる機会を与えてあげました。フリスビー遊びは、狙いをつけて、目で追い、走ってキャッチするというボーダー・コリーのモーターパターンを発揮できる行動です。飼い主とのコミュニケーションもとれますから、絆を強くする一石二鳥の遊びです。

ハリーの飼い主は、散歩の途中に野原でフリスビー遊びを加えました。ハリーは、フリスビー遊びをとおして習性が満たされ、飼い主とのコミュニケーションのとり方を学び、バイクを見ても以前ほど反応せず、飼い主に注目する余裕ができました。

また、飼い主は「ジェントルリーダー」(5-12参照)を使うことで、ハリーをコントロールしやすくなり、バイクがあっても飼い主のほうに注目するようになりました。また、追いかけない行動をほめることで行動も改善しました。

イヌの本能から発生する行動はとても強力で、おやつを使ったり、叱っても、やめさせるのは困難です。もちろん、私たちが生きていく社会で「ダメな行動はダメ」と教えてあげるのは飼い主の責任ですが、イヌに欠かせない行動は、してもよい機会を与え、代替となる行動を思い切りさせてあげるのも、飼い主の責任なのです。

2-12 事例——散歩中、どうしてほかのイヌを攻撃するの？

名前●ブラッキー（♀）

犬種●ブラックラブラドール

年齢●1歳11カ月

イヌはとても社会性にすぐれた動物です。そんなイヌたちが同種であるイヌたちと仲よくできないとしたら、なにか理由があります。それは「社会性の問題」（第3章）だったり、ほかのイヌに攻撃されたことによるものだったり、私たち飼い主が知らず知らずのうちにとっている対応だったりすることもあります。

ブラッキーは、いままで散歩で会うイヌたちとふつうにあいさつできていたのに、ほかのイヌに会ったとたん吠えるようになりました。飼い主は必死で止めようとしますが、ブラッキーはより激しく吠えるようになりました。なんででしょうか？

思い返せばあるとき、ブラッキーは、動物病院に予防接種を受けに行きますが、ちょうど診察室からでてきた大きなジャーマン・シェパードに吠えられてしまいます。逃げ場のない狭い待合室、動物病院ということもあり、おびえていたブラッキーは、シェパードに向かって吠え返しました。

いつもはイヌに吠えたことのないブラッキーがおびえていることもあり、とてもやさしい飼い主はブラッキーを抱きしめて、「だいじょうぶよ、怖くないわよ」となでながらなだめ、安心させました。ところが……。

ほかのイヌを見て吠える意外な理由

この場合は、吠えるとなでられていたので、ブラッキーは「吠える＝正しいこと」と学習してしまったことが原因

安心させていたつもりが……

するとそれからブラッキーは、イヌを見るたび、散歩ですれ違うたびに吠えるようになりました。飼い主もそのたびにブラッキーが怖がっているのだと思い、やさしく声をかけ、なでました。なぜブラッキーは、こんなに吠えるようになってしまったのでしょうか？

ブラッキーは、吠えるたびになでたり抱きしめられたりするので、「イヌを見る」→「吠える」が正しい行動だと学習してしまったのです！　飼い主のなでるという行動は、ブラッキーがイヌに吠えた行動のご褒美となり、イヌに吠える行動を強化してしまったのです。

このケースでは、ブラッキーをコントロールしやすいよう、ジェントルリーダー（5-12参照）を使いつつ、遠くからやってくるイヌに気づいても吠えなければクリッカー（5-11参照）を使用しておやつを与え、「吠えない行動」が正しいということを教えました。

このように、ボタンの掛け違いでイヌと人間のコミュニケーションが正しくとれず、すれ違っていることがあります。もし、いままではほかのイヌと仲よくできていたのに、急に吠えるようになったら、なにか変化がなかったか考えることが大切です。

2-13 事例――ぬいぐるみやおもちゃを守って唸ります……

名前●はな（♀）

犬種●テリアミックス

年齢●2歳4カ月

メスイヌには、妊娠していないはずなのに、まるで妊娠しているかのような行動をし、肉体が変化する「偽妊娠」が起こることがあります。偽妊娠は、飼い主すら気がつかないほんの少しの変化だったり、なかにはお乳がでたり、巣づくり行為をしたり、ぬいぐるみをわが子のように守ったり……といろいろです。そしてこれは、異常な行動ではなく、ホルモンの影響による正常な行動です。

はなは、ふだんはとてもおとなしいのですが、発情期が終わり2カ月ほどすると、いつもお気に入りのおもちゃを自分のベッドにもっていき、唸って守ろうとします。数週間もするとまたいつものおとなしいはなに戻るのですが、まるで二重人格（犬格！）と、飼い主は途方にくれていました。

イヌの発情期は、排卵後、卵巣からプロゲステロン（黄体ホルモン）が分泌されます。妊娠しているイヌも、していないイヌも同じように分泌されます。プロゲステロンは、さらに活発に分泌されたあと、やがて下降していきますが、同時に脳下垂体からプロラクチン（乳腺刺激ホルモン）が分泌され、メスイヌの体、行動に変化が起きます。お乳がでたり、子どもに見立てたぬいぐるみを守ろうとしたり、イライラしたり、巣づくり行動をとるイヌもいます。多くの偽妊娠は、発情後12週で終わるため、特に治療はしません。獣医師にプロラクチン分泌を抑制する注射、抗プロラクチン薬を処方してもらうといった方法もあります。

けれどもこのようなイヌの精神的負担を考えると、子どもを産むことを考えていないなら、**避妊手術をしてあげるのがおすすめ**です。避妊手術をしてあげると、プロゲステロンが分泌される卵巣を取り除くので、ほとんどの場合、偽妊娠はなくなります。ただし、避妊手術は、プロゲステロンの量の急激な変化を避けるため、少なくとも発情期から2カ月以上、偽妊娠が終わって1カ月後、メスイヌが落ち着いてから行いましょう。

はなの場合も避妊手術をすることで、おもちゃをベッドにもっていき、守るという行動はなくなりました。

なぜぬいぐるみを大事に守る?

黄体ホルモンのプロゲステロンが分泌されるため。避妊手術で解消することが多い

2-14 事例―― フードボウルを後生大事に守って唸ります……

名前●ダフィー（♂）
犬種●フレンチブルドッグ
年齢●5歳

自分にとって価値のあるものを取り上げられたら、どんな気分になりますか？　とても腹がたつし、なんとしてでも取り返したくなります。食いしん坊なイヌ、食べ物にとても執着のあるイヌは、食餌入れに飼い主や人間が近づくと怒りをあらわにすることがあります。これは「所有力関連攻撃」といいます。人間ほど多様な刺激がないイヌにとって、ごはんの時間はビッグイベントで本当に楽しみなのです。そんなとても価値のあるものを奪われそうになったら、必死に防ごうとするのは当然の行為でしょう。

ダフィーの飼い主は共稼ぎなので、毎日たった1匹でお留守番です。散歩も夜に5分ほど連れていってもらうだけです。刺激のない1日を送っているダフィーにとって、ごはんの時間はとても楽しみでした。そのため、ごはんをすごい勢いで食べるダフィーに話しかけたり、そばに寄ったりすると唸ります。

飼い主はそんなダフィーの唸りをやめさせようと、ごはん中に唸るとフードボウルを取り上げ、唸りを止めたら返すといったことを何度も繰り返しました。

ところがそのうちダフィーは、唸らなくなるばかりか、飼い主が少しでも近づくそぶりを見せると、フードボウルを抱え込んで、飼い主をにらみつけ、激しく唸るようになりました。飼い主はダフィーの食事のあとも、フードボウルに近づくのが怖くなり、モップの柄で、遠くから回収する始末です。

あまり刺激のない1日を過ごすダフィーにとって、ごはんの時間は1日で唯一といってもいいうれしいイベントです。あなただって、テレビも本も、話し相手もいない部屋で過ごすことになり、唯一、5分だけテレビが観られる環境だったら、テレビを観る時間はとても楽しみになりませんか？　そして、そのテレビを取り上げられそうになったら、必死で抵抗すると思いませんか？　イヌも同じです。唯一の楽しみであるごはんは、ダフィーにとってとても貴重ですから、その**楽しみを奪おうとすれば、ダフィーが必死に抵抗するのはあたり前**です。

●安心して食べられる環境をつくる

まず、ダフィーの食べ物に対する執着を減らすことが重要です。ダフィーが異常なほどの執着をもつのは、1日のうちで楽しみなイベントが「ごはん」だけだからです。それならほかにも**楽しみになるイベントを増やせばいい**のです。

飼い主には、いままでよりも散歩の時間を長くし、いっしょにおもちゃで遊んだり、楽しくトレーニングをする時間を増やしてもらい、ダフィーのムード向上に努めました。その結果、2週間ほどで以前ほどごはんに執着心を示さなくなりました。

そしてフードボウルを守るという行動。いちばんよい解決法は、**落ち着いてごはんを食べられる場所を与える**ことです。リードをつけて違う部屋に連れていき、リードを柱に結んでごはんを与えたら飼い主は部屋をでます。ダフィーが食べ終わったらリードを外し、もとの部屋に連れ戻します。このときすでにフードボウル

フードボウルに近づくと怒るときはどうする？

飼い主がおしおきとしてフードボウルを取り上げるのは最悪

「飼い主が近づいてくるといいことがある！」と学習させるのがポイント。ササミなどの好物を加えてあげるといいだろう

は空なので、「守る」という行動にはでません。そしてダフィーを違う部屋に連れだしてから、食器を片づけるようにしました。

「え？　たかがごはんでそんなめんどうなことをするの？」

と思うかもしれません。

でも、ごはんの時間をじゃまする必要があるでしょうか？　ごはんを守ろうとする行動は、たいてい飼い主（人間）が介入すると悪化します。落ち着いてごはんを食べられる場所を用意してあげましょう。

また、こういった問題が起こらないように、子イヌのころから予防策をとることもできます。子イヌがごはんを食べているとき、途中でフードボウルにドッグフードよりおいしいもの（たとえばササミ）を入れてあげると、イヌは「飼い主が近づいてくる」→「よいことがある」と学習し、人がフードボウルに近づいても唸ることはありません。

COLUMN2

イヌのムードと行動をコントロールする神経伝達物質とは？

「なんだか今日はイライラする」「今日はいい気分♪」——こんなあなたの気分（ムード）をコントロールしているのが脳の「神経伝達物質」です。神経伝達物質は人間と同様、イヌの脳内にも存在しています。ここではイヌの気分や行動に影響をおよぼす、２つの神経伝達物質についてお話ししましょう。

①セロトニン

セロトニンは、ムードを調整する神経伝達物質です。セロトニンが欠乏すると、気分が不安定になったり、攻撃的になったり、学習に障害をきたしたりします。うつ病を患っている人はこのセロトニンの分泌が一般の人よりも減っています。これはイヌも同様で、ある研究では、攻撃的なイヌの脳内のセロトニンの量は、そうでないイヌよりも少ないことがわかっています。さらに、攻撃的なイヌのなかでも、「咬む前に唸る」といった警告をするイヌに比べ、警告なしで衝動的に咬むイヌの脳内のセロトニン量はさらに少ないことがわかっています。

あなたのイヌはふだんからイライラしたり、落ち着きがなかったり、うつ状態だったりしませんか？　もしそうであれば、セロトニンの分泌量に関係があるといわれている適切な食事と運動に配慮してください。

②ドーパミン

ドーパミンは、行動を強化する神経伝達物質です。イヌはほめられるとドーパミンの分泌が高まるといわれています。飼い主のなかには、イヌがお利口さんな行動をとっても、知らんぷりしている方も見かけますが、イヌが正しい行動をとるたびに「いい子ね！」と声をかければドーパミンが分泌されてその行動は強化され、繰り返しその正しい行動をとるようになります。

ドーパミンが欠乏すると、物覚えが悪くなり、イライラや不安を感じやすくなり、無気力でやる気がなくなります。あなたのイヌがさほど年をとっているわけでもないのに遊びに興味を示さず寝てばかりいるとしたら、ドーパミンが欠乏しているのかもしれません。ぜひいっぱいほめてあげてください！

第3章

不安恐怖行動を解決する

3-1 不安恐怖行動ってなに？

イヌには怖がりもいれば、好奇心旺盛なものもいます。どうしてこんなに性格が違うのでしょうか？　性格の違いは生まれつきなのでしょうか？　それとも育った環境のせいなのでしょうか？　答えは両方です。**遺伝的な要素と環境的な要素の両方が、イヌの性格をつくりあげていく**のです。

動物が、強い感情である「恐怖」を感じたときに起こす行動は、自分自身を取り巻く、その後の環境に適応するための行動や、子孫を残すために必要不可欠な行動になります。動物は恐怖を感じたとき、身を守るため、おもに以下の5種類の反応をします。

1. **攻撃**
2. **不動化（固まる）**
3. **逃走**
4. **失神**
5. **脅威をかわす（なだめる）**

そしてこのなかから1つもしくは2つ以上を使い、動物は身を守ろうとします。たとえばネコやウマは、恐怖を感じるとおもに逃走という戦略をとりますが、社会的動物であるイヌは、おもに脅威をかわし、なだめるといった行動をとります。イヌが悪いことをして叱ると、私たちの口元をペロペロとなめることがあります。これはイヌにとって、怒っている相手を「なだめる」という行動なのです。

動物が身の危険を感じたときの反応は？

これらの反応は、各反応の頭文字をとって「5F」ともいう

そして「攻撃」は、おもにすべてのほかの手段が失敗し、もう選択肢がなく、最後の手段として選ばれます。イヌが恐怖から逃げられず、追いつめられたとき、その恐怖の対象となっている物や人を攻撃するのです。

どの手段をとるかは、恐怖の度合い、イヌの経験や対処能力によって異なります。

●社会化期、若年期の経験の差が大きい

さて、イヌによって恐怖を感じる対象はさまざまです。「人は好きだけどほかのイヌを怖がる」というイヌもいれば、その反対もいます。車が怖いイヌもいれば、雷の音を怖がるイヌもいます。

どうしてイヌによってこれらは違うのでしょうか？

それは社会化期、そしてその後の若年期に、イヌがどんな経験をしてきたかがおおいに関係しています。

生後3週～18週目は、イヌの感情が発達するのにもっとも影響を受けやすい時期で、専門家のなかには「社会化期と馴化《じゅんか》（慣れ）の時期」と呼ぶ人もいます。

イヌは生後3週目になると、目が開き、耳も聞こえるようになり、自身を取りまく環境のさまざまな情報を受けとるようになります。これは、イヌの性成熟が始まる18週目まで続きます。このうち生後3～12週目までは、社会化期として知られています。

イヌが危険を感じはじめる時期である7週目を少し過ぎた8週目まで、ほかのイヌに対する社会化が可能で、12週目まで人に対しての社会化が可能です。この時期をペットショップで、ほかのイヌから隔離されて育ったイヌは、ほかのイヌとコミュニケーションをとれないことも多いのです。

大人のイヌでも、見たことのないものや経験、生後18週以前に

経験したことがなかったチャレンジにでくわすと、恐怖を感じることがあります。けれども多くのイヌは、子イヌ時代に同じようなチャレンジを経験し、「ストレスへの免疫」ができているため、パニックになることなく対処できるのです。

社会化期までに新しい経験をすることなく、刺激のない環境で育ったイヌは「ストレスへの免疫」ができていないため、なんでもないものにまでおおげさに反応しがちです。

●大人になってから恐怖の対象が増えることもある

では、子イヌのころにさまざまな経験をしてきたら、イヌは怖がらなくなるのかというと、そうではありません。イヌが危険を感じた対象物を避けたり、攻撃することは、生きていくために必要な行動です。

成犬になっても常にイヌは学んでいます。

大好きだった飼い主が、急に体罰をふるうようになれば、イヌは飼い主を恐怖の対象として再認識するし、いままで平気だったサイレンの音に飼い主がおおげさに反応するようになれば、恐怖の対象と再認識するかもしれません。

しかし、社会化期、若年期までにさまざまな経験をしたイヌのほうが、一般的に経験が少ないイヌより怖がりではないということは事実です。

この時期に経験が少なかったイヌは、恐怖を感じる必要のないものや、新しく接するものにまでおびえたりする傾向が強いのです。なんにでもびくびくしてしまい、この不安な気持ちが原因で起こる問題もあります。この問題を防ぐためにも、子イヌのころにさまざまな経験を積ませて、怖がりではないイヌに育てましょう。

3-2 事例――雷をひどく怖がります

名前●シュート（♂）

犬種●ジャーマン・シェパード

年齢●3歳10カ月

子イヌのときにあまり社会化経験をしなかったイヌは、新しいチャレンジに直面したとき、自分で対処できないことがあります。

シュートは、とにかく大きな音が大嫌いです。雷や花火の音が聞こえると床をかきむしったり、食卓の下にもぐりこんで震えたり、部屋中を落ち着きなく歩き回ったりします。飼い主は怖がるシュートを怒ったり、必死でなだめようとやさしく声をかけたり、抱きしめたり、テレビをつけたりしましたが、まったく効果はありませんでした。

シュートのように、雷や花火の音が苦手といったイヌは少なくありません。怖がり方もいろいろで、飼い主に助けを求めるイヌもいれば、シュートのようにパニックになるイヌもいます。

●雷の音に慣れてもらう

まずは、ふだんから家の中に「安全な隠れ場所」をつくっておきましょう。部屋の角にケージを置いて、毛布などでおおってあげます。ふだんはそこで落ち着けるような、恐怖を感じたら逃げ込んで身を隠せる避難所になるような場所をつくってあげるのです。ふだんからこういった場所を確保することは、パニックに陥ったときに飼い主が安心させようと必死でなだめるよりも、自分

刺激の音が大きすぎてはダメ

いきなり大音量で鳴らしても、イヌは怖がるばかりだ

で恐怖に対処できるようになる、効果的な方法です。

続いてシュートには、「脱感作」(除感作、減感作ともいう)という方法で雷の音に徐々に慣れてもらいます。雷の音が録音されているCDを、シュートが怖がらない小さな音から流していきます。それとともに、おやつを与えます。このときのポイントは、イヌの恐怖の度合いを正確に把握することです。恐怖の度合いが大きすぎれば、おやつには見向きもしないでしょう。その場合は、刺激(雷の音)が強すぎます。

シュートが気にせずおやつを食べられるなら、音をだんだん大きくしていきます。「雷の音」→「いいこと」と関連づけるのです。このようにして、家の中で雷の音をCDで流しながら、シュートにおやつをあげたり、おもちゃで遊んだりすることを繰り返しました。慣れてきたら、徐々に音量を上げると同時に、家の中だけでなく、家の外、散歩中にも雷の音を流すようにしました。

●雷の音に冷静に対応できるように

その結果、シュートは本物の雷が鳴っても、以前のようにパニックになることはなくなり、落ちついて伏せたり、安全な「避難場所」に入って寝るようになりました。

雷や花火の音といった音の問題は、いつ起こるか予測できず、その刺激を取り除いてあげることができないため、困難な問題の1つでしょう。なかには飼い主の反応を見て、行動をとるイヌもいます。音がすると、飼い主が抱っこしたり、やさしく声をかけて抱きしめてくれるという「ご褒美」になっているときもあれば、飼い主も怯えているため「怖いもの」だと認識する場合もあります。このような音のほか、イヌが少しでも怖がる様子を見せて飼い主を見たときは、おおげさに反応せず「なにかあった？」と**毅然とした態度**をとりましょう。

飼い主の態度も重要

雷の音など鳴っていないかのように平然としていよう。いっしょになって怖がっていると、イヌは余計怖くなる

3-3 事例――ほかのイヌを怖がります

名前●リン（♂）
犬種●ウエストハイランドホワイトテリア
年齢●3歳

イヌはとても社会性に富んでいます。社会性が高いということは、人間だけでなく、ほかのイヌともうまくやっていく能力があるということ。しかしイヌのなかには、人間を怖がったり、同種のイヌさえも怖がるイヌもいます。なぜなのでしょう？　その原因は、社会化が必要な時期に、イヌや人間と十分にふれ合えなかった「社会化不足」です。

リンの飼い主は、ペットショップのケージの中でたった1匹だった約5カ月のリンを見て、家に連れて帰ることを決めました。このリン、人間は大好きですが、イヌを見るとものすごく怖がります。そこで飼い主は散歩中、ほかのイヌに出会うと「『お友達になってね』って、ごあいさつしなさい」と、嫌がるリンを押さえて鼻同士をくっつけさせたり、お尻を相手のイヌに嗅がせたりするようになりました。

すると、ただ怖がっていただけのリンが、大きくなるにつれ、大きな声で吠えるようになり、ついには散歩中、遠くからイヌがやってくるのを見ると、吠えかかるようになりました。リンの飼い主は、相手のイヌの飼い主に「すみません～！」と謝りながら、吠えるリンを引っ張って足早に通りすぎるしかありません。イヌに慣らそうとすればするほど、リンの行動は悪くなるばかりでした……。

●吠えれば知らないイヌに関わらないですむと学習

リンは社会化期をペットショップの隔離されたケージで過ごしました。ペットショップの店員さんやお客さんとはふれ合えたので人は大好きですが、ほかのイヌと接する機会がなかったため、イヌとのコミュニケーションの取り方はわかりませんでした。イヌとふれ合う機会がなかったリンにとって、ほかのイヌは「未知なる存在」だったのです。

しかしほかのイヌに会うたび、無理やり押さえつけられ、身動きがとれない状態で、この未知なる存在にお尻を嗅がれたり、鼻をくっつけられたりするのです。当然、未知なる存在から「恐怖の存在」になってしまいます。

そこでリンが「怖いよ！　あっちへ行って！」と吠えたら、飼い主はあせって、ほかのイヌにあいさつをさせずにその場を離れました。そう、リンは、「吠えれば知らないイヌに無理にあいさつしないですむ」と学び、イヌを見るたびに吠えるようになったのです。

●ほかのイヌに会ってもあわてないように練習

このケースでは解決法として、まずおすわりをもう一度きちんと教え直しました。おすわりを教えることで、自分で落ちつく必要があるときなどは、自然と腰をおろすようになります。そして遠くからやってくるイヌを見つけても吠えなければ、飼い主がクリッカー（5-11参照）を使いつつ、おやつを与えました。

クリッカーは、「吠えない」ことが正しい行動だということを的確にイヌに伝える手段としてとてもすぐれています。2週間もす

よく見かける飼い主の間違った行動

無理やり押しつけてもダメだ。逆にそそくさと逃げだしてもダメ。「吠えればその場から自分が逃げられる、または相手が逃げる」と、学習してしまうからだ

るとリンは、ほかのイヌを見ても吠えることなく、飼い主の横に落ち着いておすわりするようになりました。

飼い主が愛犬に「ほかのイヌと仲よくしてほしい」「イヌ友達をつくってほしい」と思う気持ちはわかります。けれども、愛犬はそれを望んでいるのでしょうか？　社会化が必要な時期に、ほかのイヌとふれ合う機会を逃したイヌは、大きくなってもほかのイヌとコミュニケーションがとれず、遊び方も知りません。

ほかのイヌと仲よくできるかは、社会化期の時期を管理するブリーダーやペットショップの手にかかっています。社会化期にできるだけ多くの種類のイヌと会わせることで、本来は社会性豊かなイヌの本性を引きだしてほしいものです。

なお、社会化期にほかのイヌとコミュニケーションをとれなかったイヌは、じょうずに遊べるようになれないかもしれませんが、ほかのイヌがいても吠えずにおとなしくすわっていられるようにすることは可能なので、あきらめないでください。

3-4 事例──男の人やお年寄りに吠えます

名前●ザザ（♂）

犬種●チワワ

年齢●2歳7カ月

散歩中、向こうから歩いてくる男性やお年寄りに吠える──なにも嫌なことをされていないのにどうして？　飼い主は不思議に思うことでしょう。でも、これは怖がりのイヌの気持ちになればわかります。

第1章でイヌは、体格が大きく、イヌの唸り声のように低い声をだす男性を怖がるといいました。ところで、イヌが攻撃的な状

なぜおばあちゃんを怖がる？

曲がった腰が攻撃態勢に入ったイヌに似ているため、襲われそうだと感じてしまう

態にあるとき、どういった格好をするかわかりますか？　首から背骨あたりの毛を逆立て、頭を低くします。この姿勢、なにかに似ていませんか？　そう、お年寄りが腰を曲げて歩く姿や、手押し車を押して歩く姿によく似ていますね。なかには凶器のような杖をもって歩くお年寄りもいます。イヌの視点では脅威に見えるのです。

またイヌは、まっすぐ自分の目をのぞき込まれるのが苦手です。試しに一度、愛犬の目をまっすぐ見つめてください。きっと目をそらすか、あなたの口元をペロペロとなめて「なだめる」行動をとるでしょう。なぜならイヌ社会では、まっすぐ目を見るということは挑戦なのです。

よくイヌ好きな人が「かわいいね～！」といってかがみ込みイヌの目をのぞき込みます。でもこれは、怖がりのイヌにとって「なんだ、なんだ!?」と、とても恐怖を感じる行動です。イヌと仲よくなりたければ、イヌの気持ちになって彼らのボディランゲージを学びましょう。

コミュニケーションがうまいイヌは、相手のイヌにまっすぐ近づきません。横から回り込むように、目をそらしつつ近づいてあいさつします。これを見習ってイヌの横から近づき、目を見つめないようにあいさつしてみましょう。

●お年寄りに会うと楽しいことが起きるようにする

さて、お年寄りに向かって吠えるザザ。ザザは「こっちにこないで！」といっているのです。そんなザザの気持ちも知らず近づいて吠えられ、転びでもしたらとても危険です。そこで飼い主は、ザザが家の中だけでなく、外でもおすわりできるよう教えました。ザザがお年寄りを見つけても、吠えなければ、おすわりをさせて

こんな行為はイヌを怖がらせる

上からや至近距離から、
イヌの目をのぞき込む

コミュニケーション能力の高いイヌは、決して真正面からイヌに近づかない

おやつをあげたり、大のお気に入りのおもちゃで遊んであげるようにしました。
「お年寄りを発見」→「楽しいことがある」と学習したザザは、吠える代わりにおとなしくおすわりをするようになりました。こういった特定の人を吠える行動を防ぐには、愛犬を社会化の時期に男性、女性、子どもやお年寄りなどさまざまな人にふれ合わせることが大切です。

3-5 事例――自宅に友人を呼ぶととても怖がります

名前●キューティー（♀）
犬種●テリアミックス
年齢●1歳4カ月

もともと神経質だったキューティーが、保護施設から飼い主のもとにやってきたのはクリスマス前。やってきた2日後はクリスマスパーティーで、新しい環境に慣れる間もなく、多くの友人が家にやってきました。人がくるたびにキューティーは「かわいい！」となでまわされ、抱きかかえられ、小さな子どもには追い回される始末。それ以来、キューティーは、来客があるとソファの下に逃げ込んで震え、でてこなくなりました。

●顔見知りから慣れてもらう

まずは新しい環境でキューティーが落ち着けるようになるためのムードを調整しなければなりません。このケースでは、部屋の隅に毛布でおおったケージを置き、中にキューティーのベッドを置いてあげました。ケージの扉は開けておき、キューティーが自由に出入りできるようにしてあります。ケージは本来、イヌが落ち着ける寝ぐら、お部屋の役割を果たしますが、お仕置き部屋、檻と化している場合も多く見られます。

キューティーの場合、新しい環境に、安心できる場所を確保しただけで、ずいぶん落ち着きました。さらに、「D.A.P.リキッド」(D.A.P.:Dog Appeasing Pheromone)を使って、不安な気

怖がりなイヌには落ち着ける場所を設ける

ケージを部屋のスミに置いたり、毛布でおおうだけで怖がりのイヌは安心する。入り口は開けておこう

分をやわらげました。D.A.P.リキッドは、母イヌの乳腺付近から分泌されるフェロモンで、イヌの不安やストレスを軽くする効果があります。欧米の行動治療では、よくD.A.P.リキッドが使われます（COLUMN5参照）。

キューティーのムードが安定したら、段階を踏んで、「来客」→「嫌なことがある」ではなく、「来客」→「よいことがある」と学習してもらいます。今回は、キューティーになじみのある人に協力してもらいました。

最初は、ソファの下に隠れているキューティーに注意を払わず、ソファの側におやつを落とします。これを繰り返していると、そのうちソファの下からでてくるようになりました。今度は手からおやつをあげたり、より慣れてくればおもちゃでいっしょに遊んだりしました。慣れてきたら、ほかにもキューティーが会ったことのある人をつれてきて慣らし、最終的にはまったく知らない初対面の人などを家に招きました。いまでは、来客があってもソファの下に隠れることもなく、おとなしくそばで寝そべったり、落ち着いていられるようになりました。

新しい環境からやってきたときは、まず1匹で落ち着ける場所を確保してあげましょう。そして環境に慣れるよう、しばらくはそっとしてあげてください。

かまいすぎない

あまりに刺激が多いとイヌも落ち着かない。しばらくなるべくそっとしておく

3-6 事例—子どもを怖がります

名前●りん（♀）

犬種●ヨークシャー・テリア

年齢●3歳2カ月

「男性」「お年寄り」「子ども」は、怖がりのイヌの代表的な天敵です。子どもの動きは、イヌにとって予測できないことが多いからです。急に走りだしたり、大きな声をだしたり……しかも手加減知らずなので、もみくちゃにされることもあります。

りんの近所には子どもがおらず、子どもとふれ合う機会がないまま育ちました。そんなある日、りんが公園を散歩していると、公園で遊んでいた幼稚園ぐらいのイヌ好きの子どもたちがりんにさわりたくて近づいてきました。大勢の子どもたちが急に走り寄ってきて、いっせいにりんを取り囲み、追いかけたり、抱っこされたり、もみくちゃにされてしまいました。

それ以来、りんは子どもを見ると、一目散に逃げだします。いままであまりふれ合ったことのない子どもでしたが、この経験で「子どもに会う」→「嫌なことが起こる（もみくちゃにされる）」と学習してしまったのです。

●子どもとの距離を少しずつ縮める

このケースでは、飼い主の知人の子どもに協力してもらいました。10歳のとてもおとなしい女の子で、ほのかちゃんといいます。ほのかちゃんには公園のベンチにすわってもらい、りんが一歩ずつ女の子に近づくようにします。少しでも近づければりんが大好きなおやつを与えました。りんが少しでも嫌なそぶりを見せたら、怖がらない距離まで戻り、再チャレンジです。こうしてゆっくり時間をかけ、りんが自分で子どもに近づけるようにしました。

りんが自分の力でかなりほのかちゃんに近づけたところで、続いてほのかちゃんがおやつをりんの側に投げます。だんだんりんは、ほのかちゃんに近づき、最後はほのかちゃんの手からおやつを受け取りました。そしてほのかちゃんになでてもらったり、おもちゃでいっしょに遊ぶようになりました。子どもに会うと楽しいことが起こると学習したりんは、いまでは子どもを見ると逃げるどころか、**自分から近づいていこう**とします。

このように特定の子どもだけではなく、子ども全般を「楽しい存在」と学習することを「**般化《はんか》**」といいます。

子どもを怖がるイヌはどうする？

「子どもに会うといいことが起きる」と学習するように工夫する。なお、子どもを怖がったり嫌がったりするイヌがいる一方、ラブラドール、ゴールデン・レトリバー、トイ・プードルといった犬種は、子どもが大好きなようだ

3-7 事例――クルマに乗りたがりません

名前●らん（♀）

犬種●ヨークシャー・テリア

年齢●4歳5カ月

クルマに乗ることが大好きなイヌがいる一方、クルマに乗るのが怖い、嫌いというイヌもいます。子イヌのころ（社会化期や若年期）にクルマに乗ったことがないイヌ、もしくはクルマに乗ったけれど恐怖経験と関連づいているイヌは、クルマに乗ることを怖がります。

らんは生後6カ月のころから、クルマに乗せようとすると大暴れします。クルマに乗っている間はハアハアと息が荒くなり、しばらくすると吐いてしまいます。飼い主はなるべく、クルマにらんを乗せないようにしていましたが、どうしても動物病院に行くときは乗せていました。

このことは、クルマに乗るという行動をさらに恐ろしいものにしてしまいます。

らんがクルマに乗るのは、家から少し離れた動物病院に行くときだけなので、ただでさえ嫌なクルマと動物病院へ行くことが関連づいてしまったのです。

この問題を解決するには、まずクルマに慣れ、クルマに乗ると怖いことが起こるという関連づけではなく、クルマに乗ると楽しいことが起こると関連づけなければなりません。

●ドアを開け放して停車した車から始める

まず、ドアを開けっ放しにした車の周りでおやつを与えたり、おもちゃで遊んだりといった行動を3日ほど続けました。らんが自主的に車に近づくことがあったら、たくさんほめてあげました。

そしてらんが、車に以前ほどの恐怖心を見せなくなったら、自主的に車の中に入る練習をします。停止した車のドアを開けっ放しにして飼い主が中に入り、「ジャンプ！」というかけ声をらんにかけます。

らんが車の中に入ったら、おやつや長もちするガムを与えたり、お気に入りのおもちゃで遊んだりしました。最初は3分、続いて10分、20分と、車の中にいる時間を増やしていきました。

自分から進んで車に乗るようになると、次は車を30秒ほど走らせ、止まって降ります。そして車が走っている時間を延ばしていきました。行き先は動物病院ではなく、らんの好きな近場の公園です。

こうしてだんだんと距離を延ばしていった結果、「車に乗ると楽しいことがある（おやつ、おもちゃ、好きな場所に行ける）」と学習し、みずから進んで車に乗るようになりました。いまでは、らんといっしょに遠出ができると大喜びです。

社会化期の経験が不足しているイヌは、新しい刺激を怖がったり避けようとしがちです。飼い主は、イヌが怖がっているものを避けるだけではなく、イヌの好きなことと徐々に結びつけて、怖がる必要がないことを教えてあげましょう。これは「拮抗《きっこう》条件づけ」といいます。このときのポイントもイヌの気持ちを考えながら、怖いという気持ちをうれしいという気持ちがだんだんと上回っていくことを確認することが大切です。

クルマに乗りたがらないイヌはどうする？

自主的に近づいたらすかさずほめる。中に入れるようになったら車内でおやつを与えたり、お気に入りのおもちゃで遊んであげる。かなり慣れたら、クルマでお気に入りの場所へ連れて行ってあげる。「クルマに乗る＝いいことがある！」と学習してもらおう

3-8 事例——動物病院を怖がります

名前●クロ（♂）
犬種●ミックス
年齢●1歳

動物病院を怖がる——これはほとんどのイヌがとる行動でしょう。欧米の動物病院では、イヌが動物病院を怖がらないよう、ひんぱんに「**パピークラス**」を開催しています。パピークラスは、イヌの社会性を育むだけでなく、獣医師や動物看護師と信頼を深める重要な機会でもあります。イヌだけでなく、飼い主も獣医師や動物看護師とコミュニケーションをとることで親睦が深まります。

子イヌのころからパピークラスに通うことで、イヌ自身にとって動物病院が「ほかのイヌや獣医師や、動物看護師と会える楽しい場所」となるのです。

最近では、日本の動物病院でもパピークラスを開催したり、ある動物病院では、お散歩中におやつだけ食べに寄ってもらうこともあるそうで、喜んで動物病院に駆け込んでくるイヌもなかにはいるようです。このように、イヌが怖がらないよう工夫する動物病院が増えつつあるのは望ましい傾向です。

社会化の面を考慮したとき、ワクチン接種の種類や時期は重要です。子イヌは母イヌの母乳を飲むことで、伝染病への免疫力、「**移行抗体**」を身につけます。けれども、移行抗体は徐々に低下し

動物病院を怖がるイヌはどうする？

動物病院で開催されているパピークラスに通い、「動物病院は怖い場所ではない」と知ってもらう

早期にワクチンを接種できることもある

早期ワクチンを受けられれば、社会化が早くできる。かかりつけの獣医師に相談してみよう

ていくので、子イヌはワクチンを接種します。移行抗体が残っていると、ワクチンの効果がなくなってしまうため、移行抗体がなくなる時期を予測した生後2～4カ月の間に2～3回接種するのが一般的です。

しかし最近では、移行抗体をもっていても有効なワクチンができており、もっと早期から接種して社会化を早くから始められる場合もあるので、かかりつけの獣医師に相談しましょう。社会化の時期に家にこもりっきりになるよりも、だっこしてお散歩し、身の周りのさまざまな人やものを見たり、音を聞いたりという機会を与えてあげましょう。

また、生後60日ごろは、恐怖の経験がトラウマになりかねない「恐怖の刷り込み期」(生後8～10週)なので、動物病院でのワクチン接種の際、細心の注意が必要です。大好きなおやつを与えるなどして、少しでも恐怖をやわらげましょう。

私は子どものころ、歯医者さんが好きではありませんでした。けれども、診察のあと、歯医者さんの近くのおもちゃ屋さんで、診察をがまんしたご褒美を買ってもらうことで、歯医者さんにひどく恐怖心を抱くことはありませんでした。飼い主も、動物病院での予防注射の際などに、とびきりおいしいおやつをあげたり、大好きなおもちゃで遊ぶといった「がまんしたご褒美」を与えて、少しでもイヌの恐怖心をやわらげてください。

3-9 事例──飼い主を怖がります

名前●ラテ（♀）

犬種●キャバリアキングチャールズスパニエル

年齢●8カ月

あなたは、愛犬がいたずらをしたときや、なにか好ましくない行動をとったときどうしますか？　「こら！　やめなさい！」といってイヌを大きな声で叱ったり、叩いたりする飼い主もいるでしょう。「悪いことをしたから、罰を与えないと。おしおきです」という方もいるかもしれません。でも、罰を与えて、確実にイヌはその行動をやめるでしょうか？

ラテは、40代のご夫婦とだんなさんのご両親と暮らしていますが、だんなさんのお父さん（おじいさん）が大の苦手で、そばに近づこうとしません。おじいさんが近寄ってこようものなら、大急ぎで違う部屋に逃げていき、物陰に隠れます。どうしてラテはこんなにおじいさんを怖がるのでしょうか？

おじいさんは、ラテが子イヌのときから粗相《そそう》したり吠えたりするたび、孫の手や物差しで叩いてきました。「悪いことをしたら罰を与えなければいけない」という考えからです。

ラテは消極的な性格なので、危険（おじいさん）から逃げることで自分の身を守ってきました。もし積極的な性格のイヌだったら、逃げずに、相手を攻撃したりします。

「罰」という言葉は、少し怖いイメージがあります。行動学上でいう罰は、大きく分けて2種類あります。第1章で、正の強化と負の強化を解説しました。罰にも「**正の罰**」「**負の罰**」があります。正の罰は、イヌにとって嫌なこと（罰子）が起こること、負の罰はイヌにとってよいこと（強化子）がなくなり、行動の頻度が下がることをいいます。ほとんどの人は、イヌのしつけで罰と聞くと、叱ったり、叩いたりといった体罰——正の罰を思い浮かべます。けれども、正の罰を用いた方法は、イヌの問題行動の解決にはおすすめできません。その理由をいくつか見てみましょう。

1 罰を与えるタイミングの難しさ

罰は、イヌが好ましくない行動をとってからすぐ（1秒以内）に与えないと効果がありません。体罰を与える飼い主の多くは、イヌが好ましくない行動をすると「ダメよ」といいながら、しばらくしてから無視をしたり、叩いたりしてしまいます。

どうして罰はいけないのか？

1 罰を与えるタイミングが難しい。好ましくない行動を叱るのは、1秒以内でないと効果なし

2「毎回」罰を与えなければいけない

罰は、イヌが好ましくない行動をとるたびに「毎回」しなければいけません。たとえばイヌが食卓の上に上がったとき、あるときは叩き、あるときは無視ということでは効果がありません。

2毎回罰を与えなければいけない。忙しくて気がつかなかったりすれば効果なし

3加減の難しさ

イヌは体罰を受け続けるうちに、強さが不十分なら慣れてしまいます。すると体罰がエスカレートし、そこには限界がありません。

4飼い主との絆がこわれる

イヌは、体罰を受け続けると、飼い主を恐れたり、避けるようになります。

3 罰の強さをかげんするのが難しい。
体罰がエスカレートしやすい

5 罰から正しい行動は学ばない

体罰を与えられたことにより、好ましくない行動（例：吠える）をやめたとしても、それに代わる行動（例：ジャンプ）をとるようになるでしょう。

このように罰にはたくさんの難点があるだけでなく、繰り返すうちに、飼い主に恐怖心を抱くようになり、絆が壊れてしまいます。また、ふだんから精神状態が不安定になり、以前はなかった排泄問題や、飼い主に攻撃的になるといったほかの問題行動もできてしまいます。

行動学では、その罰で問題行動の頻度が下がったり、なくな

4 飼い主との絆が壊れる。いうまでもないが最悪だ

5 罰から正しい行動は学ばない。「吠えてダメなら、次はジャンプしてやれ！」などと思ってしまう

らなければ罰といえません。飼い主がしつけのつもりで罰していても、イヌの問題行動が改善されていなければ罰になっていないのです。イヌをおびえさせているだけの「脅し」です。

●体罰をやめたら怖がらなくなった

おじいさんには、ラテに体罰を与えることがいかに無意味、むしろ行動が悪化するかを説明し、体罰をやめてもらうよう伝えました。行動カウンセラーとして感じることは、イヌの問題行動に、家族「全員」で同じように対応することの難しさです。イヌの問題行動よりも、人間の考えや行動を変えるほうが難しいのです。

おじいさんが体罰をやめ、話しかけたり、やさしくラテに接するようにした結果、ラテはおじいさんに以前ほどの恐怖を抱かなくなり、おじいさんがいても逃げないようになりました。おじいさんもラテの変化を目のあたりにし、実感したようです。

おじいさんの息子さんの「親父には小さいころ、いたずらをするたびによく殴られたけど、それでもいたずらをやめなかったなあ」という言葉に、おじいさんも「あれも罰にはなっていなかったんだな」と納得です。

罰は、問題行動をなくせても、そこからイヌが新しい行動や正しい行動を学べません。行動をやめさせるのではなく、それに代わる新しい行動、正しい行動を教えてあげるべきなのです。

COLUMN3

福島で飼い主を失ったイヌたちは……

福島県は、2011年3月11日の東北地方太平洋沖地震で、地震、津波、原発事故という三重苦に襲われました。仕方のないことかもしれませんが、福島県から離れて暮らす人々は、時が経つにつれて、震災の記憶を忘れていきます。

しかし、住人はいまもその被害に苦しんでいます。

立ち入り禁止区域に自宅がある人は家に戻れないし、牛や豚といった家畜だけでなく、飼い主といっしょに避難できなかったイヌやネコもまだ、取り残されています。

そんななか、運よく保護されたイヌやネコは、福島第1シェルター、同第2シェルターで暮らしています。震災直後の悲惨な状態はかなり改善されましたが、まだ「人手もシェルターを運営していくお金も足りない」

「福島第1シェルター」の様子。有志の方々が支えている

と、現場で働いている獣医師やボランティアの方は話してくれました。

保護されたイヌやネコは、獣医師やボランティアの必死の努力にもかかわらず、飼い主や住み慣れた環境を失ったことで大きなストレスを感じています。原発事故のあと、立ち入り禁止区域で人間を知らずに生まれ育ち、人間を恐れるようになった子イヌたち、ストレスから自らの手足を咬んだり、尻尾を追いかけまわす常同行動（206ページ参照）をするイヌたち、人の姿を見るなり尻尾をちぎれんばかりに振り、「なでてほしい」とケージの隙間から前足を伸ばしてくるイヌたち……。このイヌたちに必要なのは、安全を感じて落ち着ける場所、たくさんの愛情を注いでくれる飼い主でしょう。

筆者が訪れたのは、原発事故から９カ月ほど経ってからですが、「ここから離れて暮らす人は、震災のことを忘れていく。本当にむなしい」と、東京電力・福島第一原子力発電所から数km離れた場所で開業していたある獣医師は話してくれました。震災が残した爪痕は、いまだ人々や動物たちの心に傷跡を残し、解決していません。これらを解決していくのは、残された私たちの役目なのでしょう。

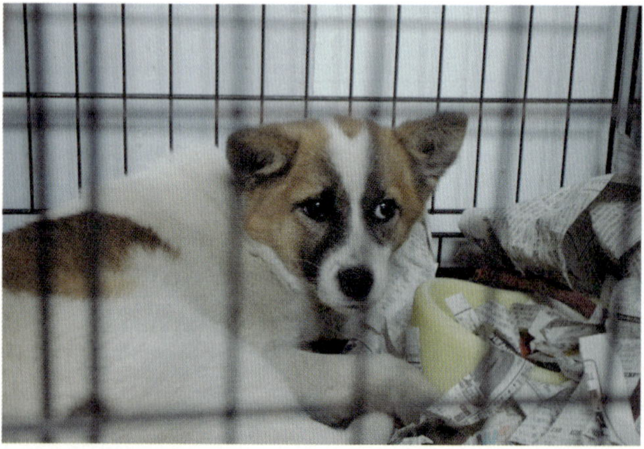

見るからに不安そうな表情が痛々しい

第4章

排泄問題を解決する

4-1 排泄問題は イヌからのメッセージ

イヌの「排泄問題」は「子イヌがトイレの場所を覚えない」といったものから、ウンチを食べる「食糞《しょくふん》」、室内でのマーキング（自分のにおいを残すため、少量のおしっこをすること）までさまざまです。「トイレトレーニングで解決」というものではなく、根本的な問題である「不適切な排泄となっている原因」を解決しなければなりません。子イヌの食糞や、排泄場所を覚える前の失敗は日常茶飯事です。が、イヌはきれい好きですから、一度、飼い主が決めた家の中の「トイレ」の場所を覚えれば、トイレ以外の場所で排泄したり、常にウンチを食べたりはしません。あなたの愛犬がそんな行動をとりはじめたら、腎臓の病気、精神的なストレス、ホルモンの影響、認知症、分離関連障害（4-12参照）の可能性があります。この場合、根本的な原因の解決が不可欠です。排泄の失敗はイヌから飼い主へのメッセージです。

行動カウンセリングの際、攻撃行動や分離関連障害の問題を抱えている飼い主に「ほかに気になる問題行動は？」と聞くと、「そういえば、家の中でよくおしっこを失敗します」「ウンチを食べます」という答えが返ってきます。これは「トイレのしつけ」の問題ではなく、イヌがストレスを感じているサインです。生理的な欲求が満たされたときの快感はとてもパワフルです。私たちがご褒美を与えなくても「排泄後のすっきり感」は、イヌの強力なご褒美になります。ですから、イヌがトイレの場所を間違って学習したり、不安をもちながら排泄してしまった場合、この強力なご褒美効果で、問題の改善が難しくなります。

4-2 事例――トイレの場所で用を足してくれません

名前●リリー（♀）

犬種●パピヨン

年齢●6カ月

何度もトイレの場所を教えているのに、どうしてもトイレでしてくれない……。もしくは嫌そうにしぶしぶその場所で排泄している……。そういったときは、**トイレの設置場所に問題がないか**考えてみましょう。

リリーは、飼い主が用意したトイレの場所でどうしても排泄をしません。不思議に思った飼い主がカウンセリングにやってきました。

●トイレの置き場所に要注意

このケースでは、リリーのトイレの場所の設置方法を見た瞬間に納得しました。なんと、リビングのど真ん中に、トイレがでーんと設置されているではないですか！　これでは落ち着いて排泄なんてできません。イヌは排泄時にしゃがみ込んでいるので、敵に襲われると抵抗できない無防備な状態です。神経質なイヌにとっては、みんなが注目しているなか、この無防備な姿をさらすのはとても緊張します。

イヌのトイレの場所は、**部屋の隅など、うしろが壁になっている場所**にしましょう。うしろが窓ガラスだと嫌がるイヌもいます。落ち着いて排泄ができるようにトイレの周りを囲ってあげるのもよいでしょう。

なお、足を上げておしっこするようになったオスイヌは、しゃがんでおしっこすることを嫌がることがあります。この場合は、トイレにポールを立てたり、L字型のトイレに変えて、足を上げておしっこできるようにしてあげましょう。

なお、トイレの近くにはフードボウルやベッドを置かないでください。イヌはきれい好きですから、トイレにフードボウルや自分の寝床があるのを嫌います。ちなみにマーキングを繰り返すイヌに、マーキングをする場所でごはんを与えると、その場所にマーキングするのをやめることもあります。

リリーの場合は、あまり目立たない部屋の隅にトイレを移動させ、周りを目隠しで囲むことで、きちんとトイレで排泄するようになりました。

ダメなトイレの設置例

部屋の真ん中にトイレがある

窓のそばにトイレがある

食餌や水入れのそばに
トイレがある

よいトイレの設置例

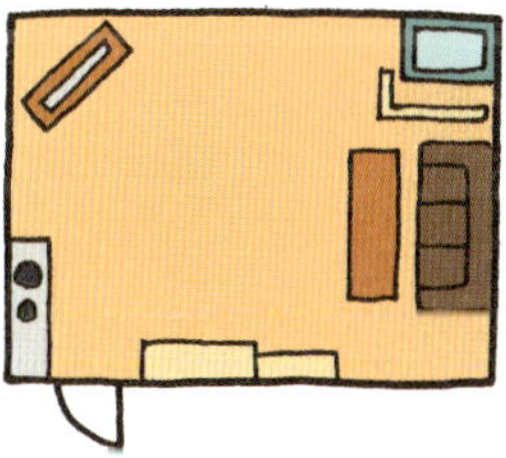

人に注目されない、部屋の隅がよい。周りから見えないように囲ってあれば、なおよい

4-3 事例──トイレの場所を覚えられません

名前●コットン（♀）

犬種●ビションフリーゼ

年齢●8カ月

ふだんからケージの中で過ごす時間の多いイヌが、トイレの場所を覚えられないのは当然です。ケージの中にいるときちんとトイレトレーの上で排泄できるのに、外にでるとあちこちでしてしまう……。こんなとき飼い主は、家の中がおしっこまみれになってはたまらないと、ケージに閉じ込めがちです。でもこれでは、いつまでたってもトイレの場所を覚えられません。

コットンは、生後5カ月までペットショップのケージの中で育ち、その後、飼い主のもとにやってきました。ペットショップで教わったとおり、ケージの中はベッドとトイレに分けてあります。しかし、ケージ内ではきちんとトイレに排泄できるのですが、外にだしていると、用意したトイレではなく、じゅうたんやソファ、クッションの上など、ところかまわずおしっこしてしまいます。

飼い主はそのたびにおしっこをした場所にコットンの鼻を押しつけて叱ったり、無視をしたり、おしっこが終わったあとに抱っこしてケージ内のトイレに連れて行ったりしましたが、あい変わらずケージ外のトイレではしてくれません。

家の中がおしっこだらけになってはたまらないと思い、ふだんはケージの中で飼うことにしましたが、今度は鳴いたり、ウンチ

実際に経験させる

ケージの中ではトイレにちゃんと
おしっこしていても……

一歩外にでれば、あらゆるも
のがトイレになる

部屋の外でトイレに行く経験をしなければ、
トイレの場所を覚えることはできない

を食べたりといった問題行動が、次々に起こりはじめました……。

●未経験なことはできない

コットンのように、長い間ペットショップのケージ内で育ったイヌ、ふだんからケージの中で生活しているイヌは、トイレの場所をなかなか覚えられません。「トイレの場所に行く」ことを経験していないからです。イヌはきれい好きな動物ですから、寝床が排泄物で汚れるのを嫌います。

ケージ内では設置されたトイレに排泄できますが、ケージの外にでるとどうでしょう？　排泄場所の選択肢はたくさんありますよね。ケージの外にでたとき、ケージの外のトイレ、もしくはケージ内のトイレに戻って排泄するという行動を経験しないかぎり、トイレの場所は覚えられません。トイレの場所を覚えてもらう早道は、トイレの場所に行く経験をさせてあげることです。つまり家の中のいろいろな場所（ケージの外）にだしてあげて、排泄感をもよおしたときにトイレに連れていくことです。

●排泄の兆しを見逃さない！

それではトイレの場所を覚えてもらう方法を解説します。飼い主はイヌがプレッシャーを感じない程度にイヌの様子を注意します。ごはんの時間を決めるなど規則正しい生活を送らせて、ノートに排泄時間を記録しておくと排泄のタイミングをつかみやすくなります。イヌが排泄しやすいタイミングは、以下のようなものが挙げられます。

1. **寝起き**
2. **思いきり遊んだあと**
3. **興奮したあと**
4. **ごはん、お水を飲んだ直後、もしくはその20～30分後**

排泄の兆しは、イヌが地面を嗅ぎ回ったり、落ち着かないそぶりを見せたときが代表的なので、このようなときにイヌを呼んでトイレに誘導します。呼び寄せるのが難しければ、おやつを使ったり、リードをつけてトイレに連れていきます。抱っこするより

こんなときは排泄のタイミング!

いつもの時間

寝起き

思い切り遊んだあと

興奮したあと

食餌のあとやお水を飲んだあと

も、自分の足で歩かせるほうが学習効果は高くなります。

イヌがおしっこするときは、「シーシー」「チッチ」と声をかけてあげましょう。人間の子どもでも声かけしますよね。すると、声かけと排泄の行動が結びつき、条件反射でおしっこできるようになります。トイレでおしっこができたら、おおげさにほめたり、おやつをあげましょう。

●ケージの外でもちゃんと排泄するように

飼い主には、コットンがふだんからケージの外で過ごす時間が増えるようにしてもらいました。また排泄記録をつけたり、ケージの外にいるときの排泄前の様子をしっかり観察してもらうことで、排泄前にすぐ、トイレに誘導できるようになりました。

5日ほどでトイレを失敗することなく、ケージの外にいても自分でトイレに行って排泄するようになりました。いまでは、飼い主が排泄を心配することなく、ケージの外にだせるようになり、「ケージからだせ」という要求吠えや、ウンチを食べることもなくなりました。

イヌは一度トイレの場所を覚えたら、きちんとそこで排泄するようになります。トイレの場所を覚えるまでは失敗も何度かありますが、これは一生続くものではありません。

条件反射になるよう声かけする

声かけするとき、あまり
ジロジロ見ないように

人の赤ちゃんに声かけ
するのと同じ要領だ

4-4 事例――隠れておしっこやウンチをします

名前●モモ（♀）

犬種●ポメラニアン

年齢●7カ月

トイレをしつけるときやってはいけない行動――それは「叱る」ことです。怖がりのイヌだと「排泄」→「悪いことが起きる」と学習してしまい、飼い主がいないときや目の届かないところでこっそりするようになります。

モモは、もともと怖がりな性格の子イヌでした。生後4カ月ごろ飼い主の家にやってきたのですが、トイレに失敗すると、排泄の途中や、排泄後に「こら！」と叱り、お尻を叩いたり、おしっこを失敗した場所に鼻をこすりつけるようにしました。すると、モモは飼い主が見ていないとき、あまり使っていない部屋の机の下、たんすのうしろなどにこっそり排泄するようになりました。

「これは誰がしたの！　ここはダメよ！」といいながらイヌの鼻を排泄場所に近づけたあと、トイレに抱っこしていき、「トイレはここ！　次からはここでするのよ！」というようなしつけは無意味なのに、いまだ多くの飼い主がしています。

トイレに失敗したイヌは、上目づかいをして反省しているように見えます。イヌは叱られているのはわかりますが、残念ながら叱られている理由、つまり「排泄してはいけない場所でしたから叱られている」ということまではわかりません。排泄の失敗を叱っても、イヌは正しいトイレの場所を覚えられないのです。

どうすればトイレで用を足す？

イヌに「叱られたくないから、トイレでおしっこする」という思考回路をつくるのは困難。「いいことがあるから、トイレでおしっこする」という思考回路をつくるようにするのが重要だ

トイレの場所をイヌに覚えてほしければ、叱って罰するのではなく、正しい行動をイヌに教えればいいのです。「おしっこしたい！」→「トイレの場所に行って排泄」→「よいことがある（ほめられる）」という一連の行動を、イヌ自身に体験させてあげるのです。

●トイレで排泄するといいことが起きるようにする

飼い主には、モモが排泄に失敗しても、叱ったり、叩かないようにしてもらい、排泄記録をつけておおよその排泄時間帯を把握してもらいました。モモが飼い主から離れて「排泄部屋」に行こうとするとき、モモを楽しそうな声で呼び、トイレに歩いていかせ、排泄させました。おおげさにほめると、モモはあっという間にトイレの場所を覚えました。

飼い主にとって好ましくない行動をイヌがとったあと、叱ったり、罰したりしても、そこから正しい行動は学べません。むしろ、その罰を避けるためにいままでと違う行動、たいてい飼い主にしてみれば問題行動ととれる行動をとります。モモの「隠れて排泄する」という行動は、環境に適応していく方法なのですが、飼い主にはさらなる問題行動となってしまったのです。

4-5 事例── ケージからでると おしっこしてしまいます

名前●チョコ（♂）

犬種●ダックスフンド

年齢●8カ月

　ケージの中ではおしっこしないのに、ケージの外にでるとおしっこをする……どうして？　チョコはふだん、リビングルームのケージ内で過ごしています。飼い主がリビングにいるときだけ、ケ

いつもケージの中にいるイヌは悪循環を引き起こす

いったんケージの外にでられると
大喜びして、収拾がつかなくなる

ージの外にだしてもらえます。けれども、飼い主や子どもたちと遊んでいる途中、おもらししてしまいます。あまりにもおもらしするため、最近ではほとんどケージからださなくなりました。いまではケージの外にでたとたん、おしっこをしてしまいます。

チョコのムードを考えてみましょう。ふだんからリビングのケージで過ごしているチョコは、外にでたくてしょうがありません。いざケージからだしてもらえると、広いリビングでかけ回ったり、飼い主たちとおもちゃで遊んだり、うれしくてしょうがないのです。すると、興奮しておしっこがでてしまうのです。最近はケージ内で過ごす時間が多いので、ケージの外にでたときの喜びもひとしおだからです。では、どうすればよいのでしょうか？

●ケージの外の時間を特別なものにしない

このケースでは、ケージの外で過ごす時間を増やして、「ケージの外にいること＝あたり前」になればよいのです。飼い主が留守のときはケージ内で、それ以外の時間はケージの外で時間を過ごすことで、「ケージの外にでたときのおしっこ」はなくなりました。

さらに、飼い主が排泄時間を把握し、チョコが排泄しやすい寝起きと食後にトイレに連れていき、用を足してから思い切り遊ぶことにしました。排泄後には思い切り遊んでもらえるので、みずから排泄したあとは、おもちゃをくわえて思い切り走り回り、飼い主のもとにやってきます。ケージの外で過ごす時間が増えてからはふだんの様子も以前より落ち着き、トイレの場所もしっかり覚え、本来の問題だった興奮によるおもらしもなくなりました。

そもそもイヌは、一生ケージに閉じ込めて飼う生き物ではあり

いつもケージ内にいるイヌに起こりやすい問題行動

吠える、食糞、トイレシートの破壊、
家具などの破壊などが具体例だ

ません。社会性が高く、私たちといっしょにいることが大好きな動物です。家族から隔離してケージの中だけでの生活をしいられたら、外にでたいと鳴くだろうし、ストレスもたまり、**ケージの外にでたときの興奮はとてつもなく高くなってしまう**ことを忘れないでください。

いつもケージの外にいるイヌは……

ふだんからケージの外で過ごす時間が多ければ、リビングでも落ち着いていられる。「ケージの外＝あたり前」の環境だからだ

イヌは社会性にすぐれており、そもそもケージの中で飼育できるタイプの動物ではない。ケージはオリではない

4-6 事例──前はできていたおしっこを失敗しだしました

名前●コタロウ（♂）

犬種●ミニチュアダックスフンド

年齢●5カ月

以前は決められたトイレに入り、トイレトレーの上でおしっこしていたのにできなくなってしまった──生後4カ月～成犬までの子イヌによくある問題行動です。コタロウは、生後2カ月半でブリーダーさんのもとからやってきました。家にきてすぐにトイレも覚え、飼い主も大満足でしたが、5カ月ごろから、トイレトレーに前足は入れるものの、後足がトレーからはみでたまま、おしっこをするようになりました。いちおう、トイレトレーの上でおしっこしているので、飼い主もなにもいえず、いまでは黙ってはみだしたおしっこをふき掃除しています……。

●イヌが本能に目覚めるとき

イヌの体は「社会化と慣れ」の時期が終わる生後18週ごろから大きく変化します。ホルモンの影響で、飼い主やほかのイヌに対する接し方が変わってきます。これまでの無邪気な子イヌではなく、少しおとなっぽくなってきたのでしょう。

イヌの生後4～8カ月は、「本能への目覚め」といわれる時期です。これまでは、呼ばれればうれしそうに走り寄ってきたのに、呼んでも立ち止まってこちらをじーっと見ていたり、そうかと思えば逃げるように逆方向へ走りだしたりもします。人間でいうと14～

16歳にあたるので「イヌの反抗期」といわれます。

イヌがこういった様子を見せるのは、数日のこともあれば、1カ月、数カ月続くこともあります。ホルモンは、イヌの体だけでなく精神面も変えるのです。なお、野生のイヌの場合、この時期は1匹でテリトリー内を探検します。

●小さな失敗もちゃんと教えないと直らない

コタロウの事例に戻りましょう。後足をトレーからはみださせたまま用を足したのは、たまたまホルモンの影響で気分が変わっていたからかもしれません。トイレから後足がでたままおしっこをしたが、ふつうに排泄できた――それで「あ、これでもできた」と勘違いして、次も同じように排泄したのでしょう。

もしくはコタロウが、トイレではない場所で排泄を何度か続けて失敗したとき、焦った飼い主が「ほめて伸ばそう」として、前足をトイレに入れた瞬間「そうそう！　えらいえらい！」といったのかもしれません。でも、イヌは前足だけが入っている状態でほめられたら、「ああ、これでいいんだ」と勘違いして失敗を繰り返すようになります。

この時期、小さな排泄の失敗がきっかけできちんとしたトイレトレーニングが完了しないことは多いのです。

●原点に戻ってトイレトレーニング

では、このトイレの失敗を直すには？　答えは簡単、初心忘るべからず！　解決法は、焦らず、慌てず、叱らず、落ち着いてトイレトレーニングをもう一度最初からすることです。焦ったり叱ったりすると、神経質なイヌは、排泄＝悪と思い、隠れて排泄するようになることもあります。また、飼い主の関心を引きたいイ

トイレトレーをじょうずに使っている例

全身をトイレトレーに入れておしっこやウンチができればだいじょうぶだ。トイレトレーに乗っていてもその外で排泄していたらもちろんダメ。中途半端な状態でほめると、イヌは「それでいい」と勘違いするので注意しよう

トイレ用のケージを使っていなければ、ダンボールで簡易的なトイレ用ケージをつくるのがおすすめ。中に入ってから、クルッとターンしなければならないようにする

ヌは「しめた！」とばかりに注目されることを学習し、好ましくない排泄を繰り返すこともあります。

コタロウの場合、トイレ用ケージの中にトイレトレーは設置されていたのですが、子イヌのころから使っていた小さなトイレトレーだったので、少し大きいものに変えました。この時期の子イヌの体は、赤ちゃんのころよりもかなり成長していて、さらに大きくなります。そのため、トイレトレーが小さくなっていることがあります。特に、ダックスフンドのような胴が長いイヌの場合は要注意です。

また、トイレの場所はケージの入り口ではなく、前足だけを入れて後足がでたまま排泄しないように、入り口から遠いところに設置しました。

飼い主がチェックしながら、排泄に成功したときは、おおげさにほめると、次からはきちんとケージの奥まで入り、トイレシートの上に前足も後足も乗せて排泄するようになりました。このとき、焦らず、トイレシートの上に4本の足がきちんと乗っているか確認してからほめましょう。

なお、この時期のイヌは飼い主の行動に敏感です。トイレの最中の様子をチェックしようと見つめすぎるとイヌが緊張するので、見つめすぎないようにしてください。

4-7 事例――最近、足を上げておしっこしだしました

名前●ラウル（♂）

犬種●チワワ

年齢●9カ月

　オスイヌがいままでしゃがんでおしっこをしていたのに、家の中のトイレでも後足を上げておしっこするようになってしまった。周りに飛び散るので、おしっこするたびに掃除しなければいけな

飼い主の間違った対応

足を上げておしっこしようとしたら大声を上げる。大きな音をだす

「去勢したらしゃがんでおしっこするはずなのに……」と、足を上げておしっこするイヌを見てとまどう

散歩中おしっこをしようと足を上げたとき、リードを引っ張る

い……。去勢するとしゃがんでおしっこをするようになるって本当？　あと、おしっこするときにリードを引っ張るとよいと聞いたんだけど……効果はあるのでしょうか？

●おしっこをしゃがんでさせるのは「しつけ」ではない

チワワのラウルは、いままでしゃがんでおしっこをしていたのに、6カ月ごろからトイレトレーの上で後足を上げて排泄するようになりました。周りにおしっこが飛び散るので、飼い主は毎回ラウルがおしっこをするたび、ふき掃除しなければなりません。そんなとき、知り合いから、「おしっこをしようと足を上げようとしたときに大きな声をだす」「散歩中に足を上げておしっこしようとしたらリードを引っ張る」と、足を上げておしっこしなくなると聞きました。

ところが、実際にやってみると足を上げたおしっこをやめるどころか、最近ではおしっこするとき不安そうに、飼い主の表情をうかがうようになりました。そしてこの飼い主は、心配して相談に訪れました……。

●イヌの成長は止められない

オスイヌの場合、生後6～12カ月といわれる性成熟期に、足を上げておしっこをしはじめます。大型犬よりも成長の早い小型犬は、5カ月ごろからはじめるイヌもいます。これは（雄）性ホルモンである「テストステロン」の量が変化して起きるものです。性ホルモンの影響は、イヌ自身がコントロールできるものではありません。足を上げておしっこしようとするのを、大声で叱ったり、リードを引っ張ったりしてやめさせようとするのは「しつけ」ではありません。

人間の男の子も思春期になれば、テストステロンの影響で声変わりします。お母さんが「声が低くなっちゃって……。子どものときみたいにかわいい声でしゃべって！」といったところで無理な話。反抗期も手伝って「うるさい！」と一喝されるのが関の山でしょう。イヌも同じです。しかもイヌは、人間の子どものように言い返すことはできないのです。

ラウルは、おしっこしようとするたびに大声をあげられたり、リードを引っ張られたりするので、「おしっこすること」→「悪いこと」なのかと思いはじめました。ラウルは、排泄しようとするたびに「おしっこしてもいいのかな？」と不安な気持ちになっています。飼い主がこのまま、大声や引っ張るといった行動をとり続けると、飼い主の目が届かない場所で、隠れておしっこする可能性もあります。

●おしっこをじゃましてはいけない

このケースでは、飼い主にラウルが足を上げても知らんぷりしてもらい、室内ではトイレトレーをL字型のもの（次ページの図）に変え、周りにおしっこが飛び散るのを防ぐことにしました。L字型のトイレでなくても、トイレシーツを巻いたペットボトルやポールを立てれば、おしっこが周りに飛ぶことを防げます。

去勢されていないオスイヌが、足を上げておしっこするのは当然の行為です。まれにイヌの行動をなんでもコントロールしたがる飼い主がいます。しかしイヌの体、ホルモンの働きまではコントロールできません。ホルモンの影響で起こるイヌの行動を理解してあげるのが、飼い主の務めです。

ラウルは繁殖の予定がなかったため、去勢手術もしました。しかし去勢したからといってしゃがんで排泄するわけではありませ

足を上げておしっこするイヌへの対策グッズ

無理にやめさせるのではなく、じょうずに対応しよう

ん。「去勢したらオスイヌはおしっこのとき、足を上げなくなると聞いた」という飼い主がいます。確かにかなり早い段階で去勢したオスイヌのなかには、しゃがんでおしっこするものもいます。しかしすべてのイヌがそうだとはかぎりません。

ちなみにメスイヌの場合も、すべてのメスイヌがしゃがんでおしっこするというわけではなく、Aniskoらのおしっこの仕方の調査では、しゃがんでおしっこするメスイヌは68%。残りの32%は、少し足を上げておしっこするなど、さまざまなバリエーションが見られました。なお、去勢した場合、室内でのマーキングが減ることもありますが、外でのマーキングの回数などはあまり変わらないという研究結果があります。

人間の目線で見ると迷惑なイヌの行動は、体や習性を考えれば正常な行動ということがあります。無理やりコントロールするのではなく、イヌの生態や気持ちを理解してあげましょう。

シーツを巻いたペットボトル

倒れないように固定させるには水を入れておくといい

4-8 事例――うちの子、興奮するとうれションして困ります

名前●きょん（♀）

犬種●トイ・プードル

年齢●8カ月

お留守番していたイヌが、飼い主が帰ってきたらおしっこ！　お客さんがきたら大興奮！　はしゃぎ回って上を向いておしっこ！……どうやったら「うれション」はなくなるの!?

きょんはお留守番のとき、飼い主が帰ってきたり、お客さんがくると、うれしさのあまり大興奮しておもらししてしまいます。飼い主は、飛びついてくるきょんに「きゃー！　おもらししちゃダメー！」と叫んで、なんとかきょんを落ち着かせようとするのですが、玄関にはいつもおしっこの水たまりができてしまいます。

興奮しやすいイヌ、特に子イヌは、お留守番していて飼い主が帰ってきたり、お客さんがくると興奮しておもらし、いわゆるうれションをしてしまいます。

一般によくいわれている「解決方法」は「帰ってきてからしばらくイヌを無視して、イヌが落ち着いたらかまってあげる」というものです。

しかしイヌの立場になって考えてみると、1日中お留守番していて、やっと飼い主に会えたのに、無視なんてかわいそうです。せっかく落ち着いたとしても、いったんスイッチが入ったらやっぱりうれションしてしまいます。

イヌを興奮させてしまう反応

飼い主が高い声をだしたり、すばやい動きをしたりすると、イヌもつられて興奮する。
イヌを興奮させたくなければ大騒ぎはひかえよう

おすわりするとなでてもらえると学習してもらう

　このケースのポイントは、イヌが興奮しているとき、飼い主は「無視」することで落ち着かせるのではなく、違う方法で落ち着かせることです。

　それはズバリ「おすわり」です。

　まずはイヌに、ごはんやおやつをあげる前以外にも、ふだんの生活でおすわりをする習慣をつけます。特に、イヌがなにかしてほしい興奮時に、おすわりできるよう練習します。たとえば、「イヌがお散歩に行く前にドアを開けてほしいとき」や「イヌが遊びの最中にボールを投げてほしいとき」などです。

こうして、イヌにふだんから習慣をつけて、帰宅時にイヌがちゃんとおすわりしたら、飼い主は「なでて」あげるようにします。このときの最大級のご褒美です。

逆にジャンプしたり、上を向いたりしたら、なでようとしていた手を引けばいいのです。これだけで、イヌは「おすわりしなければなでてもらえない」ことをすぐに理解し、おすわりするようになります。

飼い主側にも注意が必要です。手をすばやく動かしたり、高い声でイヌの名前を呼んだり、「おしっこしたー！」と叫んだりすると、興奮状態のイヌはますますエキサイトします。ちゃんとおすわりしたら、ゆっくり手を動かし、落ち着いた低めの声で話しかけます。もちろん、お客さんにも行動に注意してもらいます。

イヌが、うれションではなくおすわりという新しい行動を学習し、飼い主やお客さんの適切な対応があれば、相乗効果でうれションを防げます。飛びつきの防止にもなりますね。

きょんもいまでは、飼い主が帰ってきてもきちんとおすわりして、なでてもらうのを待っています。お客さんがきても、足元でおとなしくおすわりするので「お利口ねー」と感心されっぱなしで、飼い主も誇らしげです。

飼い主のよい対応

帰宅したら迎えにきたイヌを静かにおすわりさせてから、ゆっくりと落ち着いた調子で声をかける

ジャンプしたりしたら、なでてあげない

うまくできたらやさしくなでてあげよう

4-9 事例――部屋中におしっこして本当に困っています

名前●**大吉（♂）**

犬種●**ボストンテリア**

年齢●**2歳8カ月**

イヌの「マーキング行動」は、「自身のテリトリーを主張するために行う」といわれますが、本当の理由はまだ明らかになっていません。というのも、本来「テリトリー」は、生物が自分の生存に必要な食べ物や、子孫を残すための繁殖相手をめぐる奪い合いによって、同種の間で致命的なケガなどを負わないようにするために設けられるものです。テリトリーの境目は、「ここが境界線だ！　これを超えるとケガするぞ」といった警告のラインなのです。

進化学の視点で見ると、この地球上に多種多様の生物が存在しているのはテリトリーのおかげです。いろいろな土地に散り散りになった生物は、むだな争いを避けることで生存率を上げ、そこで増え、新しい種も生まれるのです。

けれどもイヌにとって、マーキングは本当にテリトリーの主張なのでしょうか？　イヌはほかのイヌがマーキングした場所を避けるというより、さらにその上にマーキングします。散歩中の電柱などがよい例です。散歩コースのよく通る場所だけでなく、テリトリー外であるはずの行ったことがない見知らぬ場所でも、変わらずマーキングをします。これにはテリトリーの主張であるはずのマーキング効果はなく、ほかのイヌや動物がマーキングされた場所を避けることもありません。

テリトリーはなんのためにある？

野生のオオカミは獲物を追いかけていても、自分のテリトリーを越えないように気をつけている。もし越えると、ほかのオオカミと本気の争いとなるかもしれず、負ければ最悪、命を落とす可能性があるからだ

私たちと生活をともにしているイヌにとってマーキングは、「テリトリーの境界線」という役割よりも、心理的に「安心、自信を得る」ための役割が強いようです。身の周りの場所を探検、歩き回り、マーキングすることで、よりその場をなじみ深いものに、安心の場にする――これは、子イヌのころの行動からも考えられます。子イヌのころは最初、自分が知っている場所のみで排泄し

ます。そして次に、親が排泄したのと同じ場所で排泄します。

●環境が変わると排泄に失敗することがある

大吉は約3カ月前から、家の中のあちこちにおしっこをするようになりました。家の中の大吉用トイレで排泄していることもあるのですが、室内のソファや柱など、さまざまな箇所におしっこをひっかけてあります。飼い主が家にいても目を離すと足を上げておしっこをひっかけてしまい、動物病院で診察してもらってもなんら問題はありませんでした。

飼い主は最初、おしっこをかけているのを見つけると叱っていましたが、やめないので、最近ではおしっこ中は無視し、そのあと黙って掃除しています。部屋中に消臭剤が置いてあり、週の半分はこういった問題が起こるため、ほとほと困り果てていました。

このような場合でも、大吉は家の中でテリトリーを主張しているのでしょうか？　大吉はふだんからおとなしいイヌで、飼い主の言うことをよく聞きます。前はトイレできちんと排泄していたのに、突然できなくなったのです。

こういうときは、最近イヌの身の周りや環境になにか変化がなかったか考えてください。たとえば引っ越し、飼い主としばらく離れ離れになっていた、新しい家族やイヌを迎え入れたなどです。

大吉の場合、排泄に失敗するようになる1週間ほど前に、ペットホテルに4日間あずけられていました。飼い主がいないペットホテルで不安を感じたのでしょう。それ以来、大吉のムードが少し不安定になっていたのです。

このように環境の変化やストレスを感じることで、ムードが満たされていない状態になると、排泄に繰り返し失敗することがよ

イヌのマーキングの意味は？

イヌにとってマーキングは、「テリトリーの境界線」という意味よりも、心理的に「安心、自信を得る」ための意味が強いと考えられている。安易に「習性だからしかたがない」とあきらめずに、イヌのムードを向上させてみよう

く見られます。

●イヌのムードを改善してあげる

このケースではトイレのしつけをやり直すのではなく、満たされたムードにしてあげることが、いちばんの解決法でした。「D.A.P.フェロモン首輪」（3-5参照）を使用し、部屋の隅に落ち着ける場所を確保、ベッドを置いてあげました。

大吉は「引っ張りっこ」が大好きなのですが、このときも「おすわり」や「離して」とコマンド（指示だし）を用い、飼い主との関係をより強いものにしつつ、遊びに抑揚をつけ、いっそう楽しいものにしました。散歩中もただ歩くだけでなく、途中でコマンドを入れて楽しそうにしました。大吉は、2週間もすると室内でのマーキングをぴたりとやめ、排泄もきちんとトイレでするようになりました。

私のところにくるイヌで「突然おしっこを失敗しだした」という場合、身の周りの環境に変化が起きた、ふだんから刺激のない生活を送っている、というようにムードが満たされていないことがほとんどです。この場合、トイレトレーニングをやり直すのではなく、イヌのムードを改善してください。動物病院で検査して問題なければ、行動の専門家に診てもらうことをおすすめします。

多くの飼い主は「マーキングのせいだ」と安易に考え、去勢を考えるでしょう。確かに去勢すると「室内のマーキングが50%減った」という研究データがあります(室外のマーキングはほぼ変化がない)。しかし、大吉が私のもとにやってきたときは、すでに去勢されていました。やはり、イヌのムードが鍵を握っているようです。

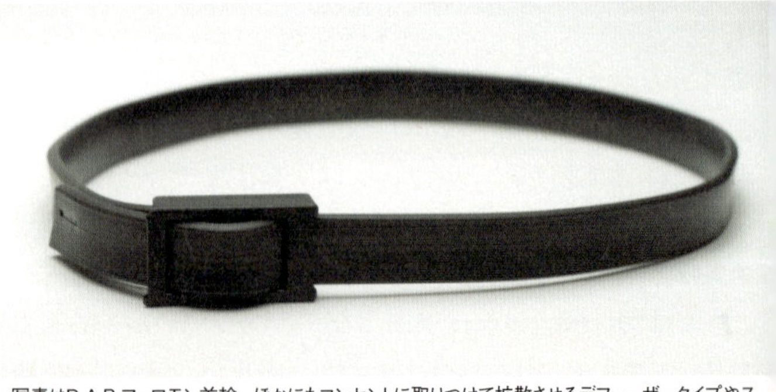

写真はD.A.P.フェロモン首輪。ほかにもコンセントに取りつけて拡散させるデフューザータイプやスプレータイプがある

4-10 事例──子イヌがウンチを食べてしまいます

名前●ジャック（♂）

犬種●ジャック・ラッセル・テリア

年齢●5カ月

ペチャペチャと音がして振り返ると、愛犬がウンチを食べている──飼い主から見ると異常な光景に見えるかもしれません。ウンチを食べている姿を見てパニックになった飼い主が、突然カウンセリングを依頼してくることもあります。しかしウンチを食べる「食糞」という行動は、子イヌにとって正常な行動です。食糞は生後4～9カ月の子イヌによく見られ、ほとんどの場合、大人になるにつれてなくなっていきます。

母イヌは通常、子イヌの肛門や性器周辺をなめて刺激を与え、子イヌに排泄させたあと、巣をきれいに保つために排泄物をきれいに食べてしまいます。子イヌの食糞の原因の1つは、母イヌのこの行動を真似するため、といわれています。また、子イヌはとても好奇心が旺盛なので、目の前にあるものをなんでも口にしてしまいがちです。これは人間の赤ちゃんも同じですね。私たちが不快に思うにおいでも、イヌにとってはとても魅力的なようです。

動物の死骸や腐りかけた物、タンパク質が消化しきれずにでてしまったウンチも、イヌにはおいしそうな匂いがするようで、口にしてしまうケースがあります。しかしこれらはあくまでも食糞の「きっかけ」にすぎません。子イヌが食糞を繰り返すのは、ほかの問題行動と同じように、飼い主の対応が原因となっていることがあります。

●ウンチは大切なもの!?

ジャックはウンチをしたあと、いつもそのウンチを食べてしまいます。飼い主はもちろん、いっしょに暮らしている小学生の子どもたちも、ウンチをしたジャックがそれを食べるのを防ごうと見張り、ウンチを食べようとしたら大急ぎでジャックをつかまえるのですが、なかなかうまくいきません。そのうえ、ジャックはウンチを食べ終わるとすぐ子どもたちのもとにやってくるので、子どもたちはウンチのにおいがプンプンするジャックから逃れようと必死でした。

どうしてジャックはウンチを食べるようになったのでしょうか？　通常イヌは、自分がしたウンチの匂いを嗅いで健康をチェックします。おそらく生後5カ月のジャックは、そのとき興味本位で口にしてみたのでしょう。ちょうどその様子を見た子どもたちは「ジャックがウンチを食べてるよー！」と大騒ぎ。そばにやってきたお母さんも「だしなさい！」と無理やり口を開けて、はきださせようとしたり、家の中は大混乱でした。

飼い主がこのように大騒ぎしたので、ジャックは口の中にあるウンチを「貴重なもの」と思い、「いやだ！　これは僕のだからね！」と取り上げられる前に急いで飲み込んでしまいます。しかも、ウンチを食べ終わったあと、子どもたちのもとに行けば、ジャックから逃れようと大騒ぎです。ジャックはみんなが遊んでくれていると思い、大喜びです。「ウンチ争奪戦」だけでなく、「追いかけっこ」にまで発展するので、ウンチを食べる行動をジャックは

なぜ子イヌはウンチを食べることがある?

退屈なときの暇つぶし、いいにおいがしたとき好奇心、おなかがすいて食欲に負けたとき、などだ

ウンチを口の周りにつけたイヌが部屋を走り回れば、子どもがパニックになって「遊び」(イヌにとって)に発展!

繰り返すというわけです。

子イヌのなかにはウンチを口に含んだまま、大騒ぎする飼い主を尻目に、追いかけっこを楽しむイヌもいます。「ウンチを食べること」や「ウンチを食べることで注意を引くこと」、もしくはこの両方が、退屈な生活を送っている子イヌのご褒美になっていることはありがちです。

イヌが飼い主の注意を引こうと食糞する場合、食糞する機会を与えない、万一しても食糞に反応しない（無視する）という方法が挙げられます。しかし根本的な問題を解決することがもっとも大切です。

無理は禁物

飼い主が無理にださせようとすれば、「これはきっと大事なものなんだ!」とイヌが勘違いしてしまい、状況は悪化する。食糞している現場を発見したら、その場はあきらめて無視するのがベスト

●お気に入りの特別なおもちゃで注意を引く

今回のケースを考えてみましょう。ジャックの日常は刺激が少なくいいムードではありませんでした。遊びたいさかりで好奇心旺盛なジャック・ラッセル・テリアにはもの足りないことは明らかでした。そこで、ジャックのムードを満たすムード向上プログラム

を行いました。

まず、散歩時間や遊ぶ時間を増やし、子どもたちもいっしょにおすわりや伏せ、芸などを教えてあげました。ジャックは新しいことを学ぶことが大好きなので、1日がとても刺激的なものになり、ムードが満たされてきました。

ムードが満たされてきたらいよいよ本題です。前述したように食糞に「反応しない（無視する）」のも1つの方法ですが、ここでは子どもたちがいるため、より効果的な「もっといいご褒美作戦」を敢行しました。子どもに「無視させる」のはとても難しいからです。ムード向上プログラムのなかで、ジャックに「大のお気に入りのおもちゃ」を与えました。「キュッ」と音が鳴る卵型のおもちゃで、ふだんは飼い主が管理していますが、お利口にしていたらこのおもちゃで遊んであげることにしたのです。

みなさんは小さいころ、コンピューターゲームで遊ぶ時間を「1日1時間」などと決められていませんでしたか？　時間を制限されるとゲームをする時間は特別に思えたはずです。もしゲームをいつでも何時間でもできたら、すぐに飽きてしまったかもしれません。ふだん、1人遊びできるおもちゃだけでなく、飼い主が管理する「特別なおもちゃ」で決められた時間だけいっしょに遊ぶことで、そのおもちゃはより貴重なものになります。

その後ジャックは、卵型のおもちゃがキュッというと、なにをしていても飼い主のもとに飛んでくるようになりました。そこで、ジャックがウンチをし終わったら、口にする前に、卵のおもちゃを鳴らして、飛んでくるジャックといっしょに遊んであげるようにしました。こういった、とっておきのおもちゃを1つもっておくことはおすすめです。それ以降ジャックは、ウンチを食べて飼い主の注意を引くことはなくなりました。

4-11 事例——成犬なのにウンチを食べてしまいます

名前●ライト（♂）

犬種●フレンチブルドッグ

年齢●3歳

子イヌじゃないのにウンチを食べる、以前は食べなかったのに、最近食べだした——まずは動物病院で検査してもらいましょう。食糞は、病気や食べ物が原因で起こることがあります。最近、手づくり食がはやっていますが、飼い主だけでバランスのいい食餌をつくるのはなかなか困難です。ビタミンKやビタミンB不足により、ウンチの中から必要な栄養分を摂取しようと食糞することもあります。

しかし私のところにやってくるクライアントのほとんどは、動物病院で検査しても問題はないイヌばかり。こういったとき考えられるのは、イヌがなにかのストレスを感じていることです。私のもとにやってくる問題行動を抱えたイヌは、食糞問題も抱えていることが多いようです。

ライトは食糞を繰り返すため、動物病院で検査してもらいましたが、体にどこも異常はありませんでした。飼い主は食事を変えたり、食糞をしているのを見つけると無視したり、叱ったりしましたが、一向になくなりませんでした。

ケージや地下など、孤立した環境に隔離されたイヌに食糞の傾向が見られたという研究があるように、私のもとにやってくる食糞問題を抱えたイヌたちも、ふだんの生活場所がケージ内だけといったことはよくあります。けれどもライトの場合は、ケージ内ではなく、自由に家の中を行き来できるうえ、飼い主のご夫婦は家で仕事をしているので、常にライトは「1匹ぼっち」ではありませんでした。では、なぜ食糞するのでしょうか？

確かにライトは、飼い主と1日中いっしょにいることができました。けれども、ずっといっしょにいるだけでした。夜、1時間の散歩がありましたが、これだけではライトは満たされたムードを保てなかったようです。散歩がすんでごはんを食べてしまうと、もうライトにはなにも楽しいことがありません。退屈で刺激のない毎日を過ごしているイヌは、食糞をする傾向が多いようです。なにもやることがないのは、無気力さ、ストレスにつながるのです。

●散歩の時間を減らし、回数を増やす

このケースでは、ライトのムード向上プログラムを考えました。遊びが大好きなライトと、1日1回は15分程度のボール遊びをすることを飼い主の日課にし、夜だけでなく朝にも散歩してもらうことにしました。「散歩は長い時間したからよい」というわけではありません。1日なにもないまま過ごし、夜、長い散歩に行くよりは、朝30分、夜30分と2回に分けたほうが、散歩の合計時間は変わらなくても、イヌのムードは満たされます。また、咬むことが大好きなライトに、長もちする牛皮ガムやコングを与えました。

それから2週間ほどすると、食糞はまったくなくなり、ライトの表情もいきいきとしてきました。飼い主も、ライトがウンチを食べていないか心配する必要がなくなって大喜びです。

イヌの食糞の原因は、いまだにはっきりと解明されているわけではありませんが、偏った栄養、イヌをとりまく環境によるスト

レス、不安な気持ちの緩和、飼い主の注意を引くためといった要因が関係しているようです。食糞する成犬の場合、子イヌのようにウンチに近づけないことというより、根本的な原因、イヌのムードを満たされたものにしてあげることにより解決します。

ライトのムードを診察すると……

ほとんど刺激のない1日では、ライトのムードがもりあがるはずもない

1日の中に楽しいイベントが増えたら、ライトのムードが満たされ、食糞は完全になくなった

事例―
4-12 これって、腹いせ？ 留守中におしっこします

名前●レディ（♀）

犬種●ラブラドール・レトリバー

年齢●4歳3カ月

飼い主がイヌを残してでかけると、帰ってきたとき家中がおしっこ、ウンチだらけ！ 「1匹で置いていかれたから腹いせでウンチやおしっこをするのよ！」――本当にそうでしょうか？

レディは、家の中にもトイレを設置してありますが、1日2回、庭や外で排泄します。しかし、飼い主が留守にすると、飼い主のベッドやカーペットの上でおしっこをしてしまいます。飼い主が家にいるときは、家の中でもきちんとトイレで排泄するにもかかわらずです。飼い主は、どこへ行くにもレディを車に乗せて連れていきますが、「連れていかないと怒って腹いせにおしっこする」といいます。

排泄を失敗しがちで、そのたびに飼い主に叱られているイヌは、叱られるのを避けるため、飼い主がいない場所や留守中を狙って排泄することがあります。けれども、ふだんはトイレできちんと排泄できるのに、1匹になるとトイレでなく室内に排泄してしまう場合は、「分離関連障害」かもしれません。

ほとんどのイヌは、飼い主が仕事や用事で家を留守にしても、その状況に対応して、1匹でお留守番ができます。しかしなかには飼い主が不在という状況に極度の不安やパニック、恐怖を感じて、対応できないイヌもいるのです。これらのイヌは、お留守番をしているときに不適切な排泄、破壊行動（家具や飼い主のもち物をかじる、じゅうたんやドアをひっかく、吠える）といった、腹いせのように思える行動をとります。しかしこれは誤りです。

●分離関連障害とは？

イヌが飼い主と離れたときに起こる不安感のことを、心理学の言葉を用いて「分離不安」と呼ぶことがあります。この言葉が日本で知られるようになったのはごく最近のことです。「不安」とありますが、これは感情の1つにすぎません。イヌの性格や経験により、飼い主と離れたときの恐怖、パニック、不安、苦痛、落胆、退屈の度合いは異なります。これらは複合的に、イヌの行動に影響をおよぼします。そのため、私たちは分離不安ではなく、4-1で述べたように「分離関連障害」と呼んでいます。

もっとも重要なのは、「**分離関連障害は病気ではない**」ということです。飼い主がいなくなった状況でも、情動をコントロールして対処できるかできないかの違いなのです。

なお、まれに飼い主がいなくなり、退屈になったイヌがゴミ箱をあさったり、机の上に乗っておいしいものを探したりすることもあります。これは分離関連障害ではありません。分離関連障害か退屈しのぎかを見分けるには、留守中にビデオを設置して、イヌの様子を観察するといいでしょう。

●分離関連障害でなぜ粗相する？

分離関連障害の場合、イヌは、飼い主が留守にしたとき「腹いせや怒りで部屋のあちこちに排泄しているわけではない」ということを理解しましょう。怒りよりもむしろ、大きな不安を感じています。飼い主が家をでてしまうと、1匹だけになったイヌは不安

トイレ以外で排泄するイヌを怒っても効果はない

イヌは別に飼い主への腹いせで、不適切な場所に排泄しているわけではない

極度の不安や緊張で排泄せずにはいられなくなっている。この場合は、トイレトレーニングのやり直しではなく、分離関連障害を解決する治療をするのが筋だ

を感じ、その不安からくる緊張で腸や膀胱をコントロールできなくなり、排泄してしまうのです。

この排泄は多くの場合、飼い主が家をでてから30〜60分以内に起こります。この「排泄したい」という生理的な欲求はとても強力です。なぜなら、イヌは極度の緊張でもよおした排泄のあと、ホッと安堵を感じますが、この安堵感は大きなご褒美になるからです。「飼い主が留守中の排泄」という行動はどんどん強化され、繰り返されるのです。極度の緊張状態にあるイヌは、いつものトイレではなく、じゅうたんの上やソファ、飼い主の匂いがする洋服やベッドの上に排泄するので、帰宅した飼い主は「わざとやったわね!」と思ってしまうのです。

帰宅した飼い主が、イヌの粗相を発見して叱ると、イヌはすまなさそうな顔をすることでしょう。しかし分離関連障害による排泄の場合、叱ったりトイレのしつけをし直そうとしても、室内での排泄は直りません。

分離関連障害の場合、多くの飼い主は、「あまやかしすぎだ」とイヌを無視したり、お留守番の時間を延ばしたりして、問題を解決しようとします。ところが、突然無視されるようになったイヌは、より愛情を求め、飼い主に執着するようになったりします。実際の生活では、飼い主がずっと家にいるわけにはいかないので、お留守番の練習もなかなか思いどおりにいきません。

子イヌのころから「クレート」(もち運び可能なプラスチック、布製のキャリー)や「ケージ」の中で落ちついていられるように「クレートトレーニング」をしておくのはしつけの基本です。クレートトレーニングをしていれば、飼い主が留守をするときにペットホテルへ預けたり、病気やケガをして動物病院に預けたりするときや、イヌが苦手な来客がきたときなどに、クレートやケージの中をさほど苦にせず落ち着いていられるからです。

クレートトレーニングはもともと、敵から身を守るために暗く狭い巣穴を好むイヌの生態を利用したものです。しかし、1匹でお留守番できないイヌに、「落ち着けるように」とクレートトレーニングを始めたものの、無理やり閉じ込められることに恐怖を感じてパニック状態になるイヌもなかにはいます。でようともがいて、口や手足が傷だらけになってしまうこともあります。分離関連障害の解決には、イヌがふだんから感情をコントロールできるように、飼い主との関係性を見つめ直すといったことが必要です。

●飼い主とイヌとの関係を見直す

この事例ではまず、ふだんから退屈な1日を送る、寝てばかりのレディの生活を、十分な運動と遊び、刺激的な生活に改善することでムードを満たしてあげました。

次に飼い主との関係性を見直しました。これまで飼い主は、不安そうに飼い主の様子をうかがうレディに翻弄されっぱなしで、レディの要求にすべて応じていました。そこで、飼い主にはいいなりになるのではなく主導権をもってもらい、飼い主から遊びに誘ったり、ゲーム感覚でおすわりや伏せといったトレーニングを、ふだんの生活に取り入れてもらいました。同時に、レディには、1匹でいる時間をふだんから少しずつ、意図的につくりました。

この結果、約4カ月後になると飼い主が、頼もしい態度をとるようになり、不安定だった関係性がしっかりしたものになりました。レディのお留守番中の排泄もやみました。

分離関連障害を解決するには、お留守番中のイヌの行動だけを変えようとするのではなく、イヌと飼い主の関係性、イヌのムードを見直す必要があるのです。

COLUMN4

イヌにも幼稚園があるって本当?

「子イヌの幼稚園」があるのを知っていますか？　子イヌの幼稚園は、1人暮らしで多忙な飼い主の留守中、イヌを預かるだけでなく「教育」する場でもあります。

英国ではこのように、お預かりスタイルをとる「イヌの幼稚園」はほとんどありませんが、最近、日本では動物病院やペットショップ、イヌのトレーナーが開催する「パピークラス」という、子イヌの基本的なしつけや、社会性を養う場が増えつつあります。子イヌを迎え入れた飼い主のほとんどは、パピークラスに通います。このパピークラスに子イヌのうちから通うことで、「おいで」「おすわり」「伏せ」といった基本的なしつけから、「イヌ見知り」「人見知り」しないようにさまざまな人やイヌとふれ合ったり、社会性を学んだりできるのです。

人間の子どもも幼稚園では、おりがみを折ったり、歌を歌うといった教育的な知識を得られますが、なによりもじっと席にすわっていることや、同年代の子どもたちとのつき合い方といった社会性を学ぶことが重要視されます。

イヌは、成犬になってからでもしつけはできますが、子イヌのころのほうがよりしつけやすいのはいうまでもありません。

総務省統計局の調べでは、2011年4月1日時点の日本にいる子ども（15才未満）の数は1,693万人と推計されており、30年連続で減っています。一方、一般社団法人ペットフード協会の調べでは、2010年のイヌの飼育頭数は1,186万1,000頭。飼育数は、人の子どもの数に迫っています。イヌの幼稚園が人間の子どもの幼稚園の数より多くなる日も近いかもしれませんね。

第5章

飼い主と意思の疎通ができるようにする

5-1 事例——おやつがないと言うことを聞きません

名前●ジュピター（♀）

犬種●ダルメシアン

年齢●1歳

「おすわりはできますか？」「伏せはできますか？」——飼い主に聞くと、ほとんどの飼い主が「はい」と答えます。「では、やってみてください」というと「おやつを取ってきますね」と答える飼い主……。「おすわり。おすわり！　おすわり!!」と繰り返したあと、しぶしぶすわるイヌに「おやつがあればいつもはもっとできるんですけど」と答える飼い主……。こんなケースはよくあります。

ジュピターは、おやつがあれば喜んでおすわりや伏せをしますが、ないと「おすわり！」を必死に連呼する飼い主を横目でちらりと見たあと、しぶしぶおすわりします。

「本にはおやつを使うとよいと書いてあったけど、使わないほうがいいのかしら……」と飼い主は悩んでいます。

ジュピターのように、おやつがないと言うことを聞かないイヌはたくさんいます。どうすればいいのでしょうか？

●おやつを見せるタイミングを間違えない!

1-6で、イヌの学習の仕方を解説しました。❶「きっかけ」→❷「行動」→❸「結果」という3ステップで学ぶというものです。おすわりを例にして見てみましょう。イヌのおすわりは、

❶「『おすわり』という言葉」（きっかけ）

2「すわる」（行動）

3「おやつ」（結果）

という流れで行われるのが基本です。「おすわり」というきっかけの言葉を聞いてすわった結果、いいこと（おやつ）があった——するとイヌは「おすわり」というきっかけの言葉で、ひんぱんにすわるようになります。「おすわり」という行動が強化されたわけです。

おやつはどう使う？

正しい流れ
「『おすわり』という言葉をかける」→「イヌがすわる」→「いいことがある（なにかおやつをくれる）」

誤った流れ
「おやつを見せる」→「すわる」→「いいことがある（なにかおやつをくれる）」

イヌにおすわりをさせる場合、おやつを先に見せてはダメだでは、「おやつをあげないとおすわりしない」という人の場合を見てみましょう。多くの場合、「おすわり」といいつつ、おやつをイヌに見せています。この場合、きっかけが「おすわり」という言葉ではなく、「おやつ」そのものになっています。

1「おやつ（を見る）」（きっかけ）

2「すわる」（行動）

3「おやつ」（結果）

となるので、おやつがないとおすわりしなかったり、言うことを聞かなかったりするのです。

よく「おやつを使いたくない」という飼い主がいます。それは、「おやつがないと言うことを聞かなくなるから」とか、「おやつでイヌをだましたくない、ごまかしたくない」といった理由です。

しかし、おやつはイヌをごまかしたり、つったりするものではありません。あくまでも、あなたがイヌにとってほしい行動を強化するためのツール（道具）にすぎません。

第1章でお話ししたように、イヌには感情があります。うれしかったか、嫌だったか、この感情によってイヌはその行動を繰り返したり、やめたりします。イヌのこの感情をコントロールする手段の1つがおやつなのです。

ジュピターは、おやつを「きっかけ」にすることをやめたらすぐに、おやつなしでも言うことを聞くようになりました。おすわりや伏せの際に「おやつを見せない」ことにしたのです。ジュピターは最初、「おやつがないのにどうして……」と嫌々おすわりをしましたが、おすわりをしたとたん、おやつをもらえることに気がつきました。何度か繰り返すうちに「おやつを見たらおすわりする」という行動ではなく「おすわりといわれたらおすわりする」という行動が強化されました。

最初は、おやつを見せずにおすわりをしたら、おやつを毎回与えますが、行動が身についてくると、おやつをランダム（宝くじ方式）に与えるようにしました。これは行動学的に見て、行動を定着させる効果がいちばんあるからです。

よくあるおやつの誤った使い方

おやつを見せて吠えるのをやめさせる

おやつを見せて机から降ろさせる

おやつの正しい使い方

すわったらおやつをあげる

外出先でおとなしくしたら
おやつをあげる

●ご褒美はランダムにあげるのがキモ

さて、ここでイヌに望ましい行動をとってもらうための、強化のコツをお教えしましょう。

たとえば、おやつやご褒美を用いた「オペラント条件づけ」(1-4参照)の場合、飼い主が「おすわり」というとイヌがいつもおすわりをするようになるにはコツがあります。

まず、「ご褒美は毎回与えるのか、そうではないのか」がポイントです。おすわりをするたびに、毎回ご褒美が与えられる場合を「連続強化(スケジュール)」、ご褒美が毎回ではない場合を「部分強化(スケジュール)」といいます。

オペラント条件づけの場合、毎回ご褒美を与える連続強化のほうが、イヌの学習速度——すぐにおすわりできるようになるまでの時間は短いとされています。しかし難点もあります。ご褒美が与えられないと、その行動をとらなくなりやすいのです(この場合はおすわり)。これは「消去」といいます。つまり学習速度も速ければ消去速度も速いのです。

一方、学習速度で劣る「部分強化」のメリットは、行動の定着しやすさです。一度、おすわりを覚えたら、し続けるということです。そして、予測不能のランダムなご褒美の出現(変動比率)によって、行動(この場合おすわり)は強化され続けるのです。

なお、注意したいのは、あくまでもご褒美はランダムに与えることです。「3回に1回」などと、決まった回数(固定比率)などでご褒美を与えていると、このことを学習し、おすわりを3回に1回しかしなくなります。

このことから、「最初は毎回ご褒美を与え、できてきたらランダムにご褒美を与える」のが、イヌが喜んでおすわりをし続けるコツになります。

5-2 事例――興奮するとぜんぜんおすわりできなくなります

名前●ココ（♀）
犬種●トイ・プードル
年齢●2歳2カ月

「おすわり！　おすわりしなさい！」。イヌが興奮しているとき、いくら飼い主が大声で叫んでも、イヌの耳にはまったく入りません。せっかくおすわりを教えても、これでは意味がありません。

　ココの飼い主は、朝と夜、ごはんの前におすわりをさせます。ごはん前は嬉々としておすわりをするココですが、ふだんは、おすわりといってもなかなか言うことを聞きません。特に家にお客さんがきて、なでてもらいたくてぴょんぴょん飛びはねているとき

おすわりができないままだと……

ふだんからおすわりの習慣をつけさせれば、こんなことはなくなる

や、散歩に行く前にリードをつけようとしているときは、聞く耳もたず、です。ところで、おすわりは「しつけの基本」といいますが、どうしておすわりをイヌに教える必要があるのでしょうか？

●おすわりはイヌのセルフコントロールの基本

おすわりは、私たち人間がイヌとコミュニケーションをとる方法の1つであるだけでなく、イヌ自身にとってもとても役に立ちます。飼い主がイヌに落ち着いてほしいときや、ひと呼吸おいてほしいときは「おすわり」をして落ち着かせます。

こうして、おすわりをすることで自分の気持ちが落ち着くことを学んだイヌは、興奮状態や不安なとき、自分自身を落ち着けるために、おすわりを自発的にするようになります。

たとえば、ヨーロッパ諸国のスーパーマーケットなどでは、おすわりや伏せをして飼い主を待っているイヌをよく見かけますが、日本では立ったまま待っているイヌのほうが多いようです。ヨーロッパでは、いかにふだんからイヌにおすわりさせているかがわかります。日本では多くの飼い主が、イヌにおやつやごはんを与える前におすわりさせますが、それ以外のときにさせることはほとんどありません。イヌ自身は、ふだんからおすわりをするという習慣がないのですから、興奮状態でおすわりできるわけがありません。まずは、ふだんからごはんやおやつのとき以外にも、外や家の中でおすわりさせる練習をしましょう。

前述のように「おすわり」→「ご褒美（イヌにとっていいこと）」があれば、イヌは喜んでおすわりするようになります。

イヌがうれしくて興奮しているときの気持ちを考えてみましょう。「お客さんに夢中で、飼い主の私の言うことなんて聞かない」「お散歩に行きたくて、外にでたいとドアをひっかいておすわりなんてできない」——イヌが夢中になるほどうれしいのなら、そのときの激しい情動を、おすわりをさせるのに利用すればよいのです。「おすわりをしたらお客さんになでてもらえる」「おすわりをしたらお散歩に行くためのドアが開く」——とびきりすてきなご褒美にありつくこのチャンスは、おすわりを強化するのにもってこいです。

いつでもおすわりできるようにしよう

興奮して遊んでいるときにおすわりできたら、ボールを投げてもらえる（ご褒美）

お散歩に行く前におすわりできたら、リードをつけてお散歩に行ける（ご褒美）

外にでる直前におすわりできたら、外にでられる（ご褒美）

5-3 事例——いったんおすわりしてもすぐに立ってしまいます

名前●ももこ（♀）

犬種●シーズー

年齢●4歳

　一瞬ならおすわりができるけれども、すぐに立ち上がってしまう——おすわりが本当に必要なとき、あなたのイヌはじっとすわっていられますか？　たとえば信号待ちの間、ほかのイヌとすれ違う間、おすわりさせることで、急に道路に飛びだして車にはねられたり、ケンカを始めたりといった事故を未然に防げます。どうやったら、すぐに立たずにおすわりをしていてくれるのでしょう

解除のコマンドがないと…

立ち上がるのは時間の問題。イヌにしてみれば、いつ立ち上がれるのかもわからないまますわり続けられないのは当然

か？

ももこは、散歩の途中、横断歩道で信号待ちをしていても歩きだそうとするので、飼い主はおすわりをさせます。しかし、ももこがすわっていられるのは5秒ほど。すぐに立って道路に飛びだそうとします。

●おすわりの「解除コマンド」を教えよう

おすわりはできるけど、長い間すわり続けられないというイヌはとても多いです。多くの飼い主がおすわりを教えるとき、「おすわりはおしまい」の合図（解除のコマンド）を教えていないからです。イヌにごはんを与える前に「おあずけ」をさせる飼い主がいます。イヌはごはんを前にじ〜っと待っていて、飼い主が「よし！」というとごはんを食べはじめます。この「よし！」は「もう食べていいよ、おあずけは終わり」という解除のコマンドです。

おあずけと同じように、おすわりをしているイヌに「もう動いていいよ、おすわりは終わり」という解除のコマンドを教える必要があります。イヌがしばらくすわっていたら「いいよ」や「OK」「よし！」と合図して、この言葉を合図に「おすわりはおしまいだよ」とイヌに伝えるのです。

イヌはこの「よし！」という合図があるまで、おすわりし続けます。最初は短時間のおすわりで十分です。その後はイヌの腰がきちんと地面について「おすわり」できているなら、ちょこちょことご褒美をあげて、長時間のおすわりの練習をします。これで、いままでのように「まだよー、まだおすわり！」と、何度も繰り返す必要はないし、イヌも明確に「おすわり」の意味がわかり、じょうずにコミュニケーションがとれるのです。

多くの飼い主は、解除コマンドを教える代わりに「おすわり、

おすわり、まだよ～、動いちゃダメ、待てよ、待て、待て！」と、おすわりしている間、始終語りかけるのです。イヌはしばらく飼い主の必死の気迫に押されすわり続けますが、最終的には立ち上がってしまいます。
「子イヌのときにきちんとおすわりを教えなかったからダメだわ……」とあきらめないでください。イヌは絶えず学習していますから、もう一度きちんとおすわりを教え直してみましょう。

解除のコマンドがあれば……

時間が経てば解除のコマンドがでることを知っているので、がまんしてすわっていられる

5-4 事例──「むだ吠え」に困っています

名前●けんた（♂）

犬種●ビーグル

年齢●3歳

「むだ吠えで悩んでいます」という飼い主がいます。でも、むだ吠えというものはありません。なにか利点があるから、飼い主に伝えたいことがあるからイヌは吠えるのです。

　けんたは、飼い主夫婦とその子どもたちといっしょにマンションに住んでいます。飼い主は、けんたの「むだ吠え」が多いといいます。飼い主がけんたのごはんの準備をしているとき、飼い主が家族で食事しているとき、けんたとボール遊びをしているとき、などなど。あまりに大きな声で吠えるので、マンションの上階から苦情がきてしまいました。ここで、けんたが吠える状況を考えてみましょう。

1 けんたのごはんを準備しているとき

　お母さんがドッグフードをあげようと、袋をガサガサすると、けんたは吠えだします。「はいはい、わかったわよー、ごはんよー」といって、お母さんは吠え続けるけんたにごはんを与えます。するとけんたは吠えるのをやめてごはんを食べだします。

2 飼い主家族が食事をしているとき

　みんなでテーブルを囲んで、おいしいごはんを食べています。

いい匂いがするので、けんたも「おすそわけしてよ！」と吠えます。「うるさいなあ、いまあげるよ」と、お父さんがけんたにおかずを分けます。けんたはおかずをもらって静かになり、満足顔です。

3 ボール遊びをしているとき

けんたは子どもたちとのボール遊びが大好きです。「とっておいでー！」と投げてもらったボールを拾いにいき大興奮です。ボールを子どもたちの足下に置くと、早く投げて投げてと大きな声で吠えます。「わかったよー、はい！」と、子どもたちはボールをまた投げてあげます。

「食餌を早く食べたい」という要求吠え

「おこぼれを早くもらいたい」という要求吠え

「早く投げて遊んでほしい」という要求吠え。これらの場合の吠えはむだ吠えではなく要求吠えだ。要求がかなえば何度でも繰り返す

ここでなにかに気がつきませんか？　そう、けんたが吠えるときはすべて理由があります。むだ吠えではなく「要求吠え」です。「早くごはんをちょうだい！」「僕も食べたい！　おすそ分けして！」「早くボール投げてよ！」……そして吠えると、すべての要求がかないます。飼い主や子どもたちは、気づかないうちにけんたの要求吠えに応えていたのです。

もちろんその結果、けんたは飼い主になにかしてほしいときは「吠える」という方法を学習してしまいました。要求吠えをなくすにはけんたに、「吠える」代わりに適切な行動をとってもらう必要があります。

よくいわれているのが、「飼い主は要求吠えをするイヌを無視するといい」という対処法です。しかし、子イヌのころから吠えれば要求が通ってきたイヌにはそう簡単に通用しません。「いままで吠えたらおやつくれたでしょ。ほら吠えてるよ！　わんわん！」といった具合にイヌは吠え続けます。そして、ご近所さんへの迷惑を考えた飼い主は根負けして、おやつを与えてしまいます。

その結果、イヌは、「そっか〜、もっと一生懸命吠えないとダメなんだな」と学習してしまい、要求吠えが悪化していきます。無視するだけでなく、「正しい行動はなにか」を教えてあげるほうが効果的なのです。

●伏せを学んで吠えなくなった

けんたには、要求吠えをする代わりに、なにかしてほしいときは「伏せ」をさせることにしました。伏せは、イヌ自身が落ち着くだけでなく、吠えにくい体勢でもあります。フセをさせる時間は徐々に延ばしていきます。それでも吠えるようなら、「ご褒美なし」の言葉のあと、くるりと後ろを向いて、背中を向けてしまいます。

吠えても通用しないと思ったけんたは、「そうだ、伏せをすればいいんだ」と気がつきます。そして伏せをした瞬間にご褒美です。ここでけんたは、いままでのように「吠え」では要求が通らず、正しい行動である「伏せ」をしないとダメだと学ぶのです。

ごはんの最中もずっとワンワン吠えていたけんたですが、いまではごはんの最中は飼い主の足下で、ずっと伏せています。食事のとき以外も、「吠えても要求はとおらない」「伏せをすればいい」と代わりの行動を学んだため、要求吠えはなくなりました。

ちなみにけんたは、家族みんながごはんを食べ終わったところで、ごはんのおこぼれを少しもらいます。私は、イヌが適切な行動をとっているときに、飼い主が少しおこぼれをあげることを悪いとは考えていません。全員の食事が終わるまで、おとなしく待っていたなら、イヌの健康によくない味の濃い食べ物や、イヌが食べてはいけない食べ物（チョコレートやタマネギなど）を除いて、最後にご褒美をもらってもさしつかえないでしょう。

おねだりしたり、吠えたりしているときにテーブルの上のものを与えるのは賛成しませんが、「テーブルの下でおとなしく待つ」という行動を強化するために、家族の食事のあとに害のないおこぼれをあげるのはよい方法といえます。

5-5 事例――拾い食いがやめられません

名前●サン（♂）

犬種●ジャック・ラッセル・テリア

年齢●3歳1カ月

道に落ちている物を拾って食べてしまう「拾い食い」。ねずみ退治用の毒入り団子を食べて命を落とした……という悲劇もある、命にかかわる問題行動です。拾い食いのたびに叱るのだけど、拾い食いをやめられない……どうしてなのでしょう？

イヌは自分にメリットがあるかぎり、同じ行動を繰り返します。繰り返すことでその行動は強化されます。「癖になる」ということです。

サンは、散歩の最中、ついつい拾い食いをしてしまいます。それも腐った葉っぱや枯れ葉、石ころといった困ったものばかり。飼い主は、サンが拾い食いをしないように、散歩中も下を見たまま歩いています。でも、サンのほうが先に「獲物」を見つけると先を越されてしまいます。必死で口の中の物をださせようとするのですが、飲み込んでしまうこともあります。「下を向いたままの散歩はとても疲れる」と飼い主は困っていました。

●たっぷり探索行動させてあげる

このケースでは、まずはムードを調整しました。散歩は「運動」だけが目的ではありません。イヌにとって必要な「探索行動」でもあります。好奇心旺盛な3才のジャック・ラッセル・テリアのサンにとっては、毎日2回、30分歩くだけの散歩では刺激が足りません。拾い食いをやめられないイヌは、散歩の時間が長い・短いという問題ではなく、「探索行動」が不十分な可能性があります。

そこでサンには、部屋の中におやつを隠したり、コングにごはんを入れてあげたりして探索行動をとれる機会を与えました。好奇心旺盛なサンは、新しいことを学ぶトレーニングも大好きです。サンは、これだけで散歩中の拾い食いの回数が激減しました。

●「そのまま」のコマンドを教える

また、飼い主はサンに「そのまま」(leave it)というコマンドを教えました。日本ではしつけをするとき、「おすわり」や「伏せ」を教えますが、「そのまま」というコマンドは意外に知られていません。このコマンドを教えると、食べてはいけない物や危険な物を回避させるときにとても便利です。サンは家の中で、おもちゃやおやつを使って練習し、「(触ってはいけないものを)そのまま(にしておきなさい)」と飼い主がいうと、さっと離れるようになりました。

散歩には「ジェントルリーダー」(5-12参照)を使うことにしました。イヌが拾い食いをした瞬間にひもを強く引っ張るなどして、イヌに苦痛を与えなくてすみます。

拾い食いは、繰り返すことで強化されてしまいますし、口の中に入れてしまったものをだすことを練習するのも建設的ではありません。そもそも、拾い食いのきっかけに反応させないことが大切なのです。

サンの場合、散歩ではあらかじめ用意しておいた葉っぱや石ころを置いた「トラップコース」をたどりました。サンは「はっ」と気がつきましたが、いままで練習してきた「そのまま」のコマンドで

「そのまま（leave it）」のコマンドは便利!

食べかけのアイスクリームが落ちていて
イヌの好奇心を刺激した……

「そのまま」のコマンドをかければ華麗にスルー

ジェントルリーダーを装着したイヌ

イヌに苦痛を与えず、拾い食いを防げるスグレモノ。毛色になじむものを使用すると目立たない。使い方は5-12を参照してほしい

さっと離れました。その瞬間、飼い主はご褒美のおやつをサンに与えて、おおげさにほめます。これで大成功です。

拾い食いしようとしても「そのまま」のコマンドで反応させない、万が一の場合に備えてすぐにコントロールできるジェントルリーダーを使うことで、その後も散歩中に拾い食いをする機会を与えず、いまでは拾い食いすることがまったくなくなりました。

本当の散歩の意味を知ったサンだけでなく、飼い主も真っすぐ前を見て歩けるので大満足です。

なお、拾い食いさせないコツは、あくまでも拾い食いの経験をさせないことですが、万が一拾い食いをしてしまったときは、口の中の物をはきださせる「はなして」といったコマンドを教えておくとよいでしょう。

「そのまま」のコマンドは応用が利く

うっかり机から食べ物を落としたときや、子どもが転んで小さなおもちゃを落としたときもだいじょうぶだ

5-6 事例── 食べ物を盗み食いします

名前●シャイン（♀）

犬種●ワイマラナー

年齢●1歳

飼い主がちょっと目を離した隙に、食卓の上にあった食べ物がなくなっている！　食欲旺盛なイヌがテーブルの上の魅力的な食べ物とその獲得方法を覚えたら、飼い主の目を盗んで盗み食いするようになります。飼い主が必死で止めようとするのを尻目に、すごい早さでお皿の上の食べ物を食べてしまいます。

ワイマラナーのシャインは、後足で立つと大人の背丈はあります。後足で器用に立って食卓テーブルの上の食べ物を盗み食いすることぐらい、朝飯前です。

シャインは、子イヌのころから食べ物への執着は人（イヌ）一倍でした。飼い主たちが食卓にいるとき、そのおこぼれをもらうのをとても楽しみにしていました。

シャインが5カ月のころ、ふと飼い主が目を離した隙にテーブルに乗り、そこにあったチキンを食べてしまいました。それ以来、ふと目を離すとシャインは後足で立って、テーブルの上にあるごはんをすごい勢いで食べてしまうのです。

そこで、飼い主たちは食事中にごはんのおこぼれをあげるのをいっさいやめましたが、シャインの食べ物に対する執着はなくなるどころか、いっそう増すばかりです。

ありすぎる食欲は困りもの

後足で立ち上がるとキッチンの天板に前足が届くほど大柄だ。これでは余裕で食べられてしまう……

●盗み食いしにくくしても無意味

この場合、どうやってやめさせればよいのでしょうか？　イヌは自分にメリットがある行動を繰り返し、強化していきますが、なにもメリットがない行動は、ろうそくが燃えつきるように消えていきます。行動学では「消去」と呼びます。つまり、シャインに食卓テーブルから食べ物を盗む行動をさせない、その機会を与えなければよいのです。

飼い主は最初、食べ物を盗み食いされないように細心の注意を払っていました。けれどもシャインは、食事中にまだ小さい子どもたちがコップの水をひっくり返してバタバタした瞬間や、おかわりでちょっと席を立ってキッチンに戻る瞬間を見逃しません。テーブルの上の食べ物を取れる機会が減っても、完全になくならないかぎり盗み食いを続けます。むしろ、機会が減って、たまに成功するといっそう喜んでしまいます。

大切なのは、シャインがテーブルの上から食べ物を絶対に盗めないようにすること。そうでないと盗み食いは「消去」されません。

●完全に遮蔽して注意もそらす

そこで、キッチンにつながる場所に赤ちゃん用の安全柵を取りつけました。これでシャインはキッチンに入れず、食卓の食べ物を盗み食いすることは完全にできなくなりました。

また、飼い主たちが食事する間は、ドッグフードと少しのチキンを詰めたコングを与えました。コングの中の食べ物を必死に取りだそうとする姿は、飼い主から見るとかわいそうにも見えますが、もともと狩猟本能をもつイヌは、コングの中から食べ物を取りだす「狩り」で本能を満たします。ふだん刺激の少ないイヌだと、ドッグフードをお皿に入れても食べませんが、コングの中に入れると食べることもあります。

もともと食欲旺盛で活動的なシャインは、コングに入っているごはんを取りだそうと食卓テーブルには見向きもせず、コングに必死です。それから3カ月。柵を設置してからの徹底した管理で、まだ一度もテーブルの上の食べ物泥棒は、現れていないそうです。

効果がないことは脳から消去される

動物は一般的に「やってもむだ」と学習したことを、繰り返すことはない。とはいえ、関西人（筆者も）がエレベーターのボタンを連打する光景はよく見かけるが……

5-7 事例——部屋のぬいぐるみにマウンティングします

名前●マック（♂）

犬種●ジャック・ラッセル・テリア

年齢●9カ月

イヌを飼っていれば、一度は相手のイヌの体に乗って腰をふる姿を見たことがあるかもしれません。これは「マウンティング」と呼ばれる行動で、おもにオスイヌがとる行動ですが、メスイヌにも見られます。マウンティングの対象は、イヌ以外にぬいぐるみ、人の足や腕などさまざまです。マウンティングする原因はなんなのでしょうか？

ジャック・ラッセル・テリアのマックは、遊びや飼い主とのトレーニングが大好きなお利口さんですが、1つだけ問題があります。それはマウンティングをすることです。リビングにあったテディベアは、いつの間にやらマックのマウンティングの対象となってしまいました。

マックがテディベアにマウンティングしようとするたびに叱っていると、テディベアはあきらめたようですが、今度はクッションにマウンティングします。飼い主は「叱るとテディベアやクッション以外にも被害がでそうだから……」と、なんとか叱らず気をそらそうと必死です。

オスの子イヌがお互いにマウンティングをしていると、飼い主

子イヌ同士のマウンティング

子孫を残すために必要な正常な性行動を、遊びを通して
学んでいるので、まったくおかしな行動ではない

が「こらこら、オス同士で！　やめなさい」とか「そんなことしちゃダメ！」と必死に止めようとします。しかしこれは、この時期の子イヌにとって必要な行動です。

●マウンティングは性行動の予行演習

これは実際に性行動をしているわけではなく、将来、子孫を残すために必要な正常な性行動を、遊びを通して学んでいるのです。むしろ、子イヌのころ、ほかのイヌと社会的な接触をもてなかったイヌは、時期がきて実際に交尾をするときに、なにもできなくなってしまうことがあります。

また、マウンティングは、オスイヌのホルモンであるテストステロンが原因で引き起こされることがあります。マックのような思春期のオスイヌのテストステロンの量は変動が激しく、この変動によってこの時期のオスイヌはさまざまなものにマウンティングしようとします。もちろん正常な行動です。

思春期を過ぎて、テストステロンの量が落ち着いてくるとマウンティングがなくなることもありますが、将来繁殖の予定がなければ、テストステロン量を左右するもとである精巣を取り除いてしまう去勢を検討するとよいでしょう。ある研究では、去勢で約60％のマウンティングが解消された、というデータがあります。ちなみにテストステロンの量は、成犬になってもある程度変化します。

●去勢でマウンティングがなくなった

マックに繁殖の予定はなく、病気の予防も兼ねて去勢しました。2カ月もするとテストステロンの量が落ち着いたようで、テディベアやクッションへのマウンティングはなくなりました。

マックのマウンティングは、ホルモンの影響で、対象はテディベアでした。しかしマウンティングの対象が飼い主や、人の手や足のこともあります。

かつては、人の手や足にイヌがマウンティングをすると、「自分のほうが偉いと思っているから」という理由でひとくくりにされていましたが、いまは違います。たとえばイヌが興奮したときや、刺激のない単調な暮らしをおくっていると、**ストレス発散としてマウンティングする**ことがあります。マウンティングすることでイライラや不安、欲求不満を解消するのです。

人の足にマウンティングする理由は?

テストステロンの影響で人の足などにマウンティングすることもあるが、去勢すると改善されるケースが多い

5-8 事例——自分のしっぽを追いかけています

名前●クッキー（♂）

犬種●ミックス

年齢●1歳11カ月

クッキーは、飼い主の家の庭で放し飼いにされています。飼い主がふと庭をのぞくと、クッキーはよく自分の尻尾を追いかけてくるくる回っています。最初はその様子がおかしくて家族で大笑いしていましたが、しょっちゅう自分の尻尾を追いかけ、いつも5分以上、一心不乱に回り続けているクッキーの様子を見ているうちに心配になってきました。そこで尻尾を追いかけているのを見つけると声をかけたり、叱ったりしましたが、やめる気配はまったくありません……。

この自分の尻尾を追いかけるという行動は「常同行動（compulsive behavior）」といわれています。動物園の熊が檻の中を行ったりきたりしたり、実験室で飼育されている猿が、体を決まったペースで揺り動かしていたりするのも常同行動です。イヌの常同行動には、クッキーのように「尻尾を追いかける」「尻尾を咬む」「見えない影やハエを追いかける」「イヌ自身の体や床、家具などを過度になめる」「一定のペースで吠え続ける」といったさまざまな行動が挙げられます。また、ドーベルマンピンシャー、ブルテリア、ラブラドールといった犬種には、特有の常同行動がよく見られます。

●飼い主がいいと思っていても……

イヌが常同行動を起こす要因はいまだにはっきりとはわかっていません。しかし、イヌがストレスを感じる状況下に置かれているときに発生しやすいことはわかっています。

たとえば、過度の拘束（ケージに入れられたまま鎖につながれているなど）、不十分な運動やけん怠、刺激がなく、飼い主に注意を払ってもらえない生活、常に葛藤が起こりうる環境に置かれているイヌたちは、正常なムードを保ちにくく、常同行動が起こりやすいのは事実です。

クッキーの飼い主は「広い庭を与えているし、十分に運動もできている」といいます。確かに、常同行動がよく見られる鎖につながれっぱなしのイヌや、ケージに入れられたままのイヌと比べれば自由に動けるかもしれません。しかし、庭に1日中閉じ込められ、刺激もない生活は、2才のイヌにとって十分なものではないでしょう。

●放し飼いにしていても満足とはかぎらない

クッキーにはムード向上プログラムを実行しました。庭で十分な運動をしていると思っていた飼い主には、クッキーを1日に2回、朝と夕方に散歩へ連れていってもらうことにしました。

庭にあったプラスチックの鉢植えには、クッキーがかじったと思われる跡がたくさんありました。イヌにとってかじるという行為は欠かせませんから、飼い主には、牛皮ガムや、かじれて探索行動もできるコングにごはんを入れて与えてもらいました。

また、飼い主やその家族で、クッキーと引っ張りっこやボール遊びを1日に2回（各15分）遊んでもらうようにした結果、2週間もすると庭でくるくる回る姿はなくなり、表情も変わりました。

常同行動が起こりやすい状況

①ケージに入れられっぱなし、鎖でつながれたまま

②運動が不十分で退屈な状態

③社会的な接触が少ない。ふれ合いや愛情が不足している状況

④葛藤が起こりやすい状態

要はストレスがたまりやすい環境ということ。「自分（人）がやられて嫌なことはイヌも嫌」と考えよう

5-9 事例―前足をずっとなめています

名前●ジェイク（♂）
犬種●ゴールデン・レトリバー
年齢●3歳4カ月

イヌが自身の体をなめる「グルーミング」は正常な行為です。けれども、なかには毛が抜け落ちて、赤くなってしまってもまだ執拗になめ続けるイヌがいます。

ジェイクは自分の前足をさかんになめます。あまりにもしょっちゅうなめているので、毛が抜け落ちて真っ赤になってしまいました。動物病院にも連れていきましたが、目を離すと飼い主の目を盗んで前足をなめるため、なかなか治らないうえ、治ってもまたなめるので、すぐ動物病院に逆戻りです。

飼い主は、足をなめているジェイクの気をそらそうとしたり、叱ったりしましたが、一時的にやめるだけで、繰り返してしまいます。前足にイヌにとって苦い味がするスプレーやわさびも塗ってみましたが、一瞬なめるのをちゅうちょするだけで効果なしでした。

●なめる原因を取り除く

イヌがなにかを過剰になめる行動は、常同行動の一種と考えられています。なめる対象は室内の家具、床から自分自身までさまざまですが、ジェイクのようなゴールデン・レトリバー、アイリッ

常同行動はなぜなかなかやめられない？

なめればなめるほど、脳内の快楽物質「ドーパミン」が分泌され、クセになってしまいやめられなくなる

シュ・セッター、ラブラドール・レトリバー、グレート・デーン、ジャーマン・シェパードといった大型犬は、過剰に前足をなめるという行動がよく見られます。特にドーベンルマン・ピンシャーは、よく自身の脇腹を吸ったり、なめたりします。

ところで、スカイダイビングやバンジージャンプのように、高いところから飛び降りると、無事地上に着いた瞬間、「ほっ」とします。この安堵の気持ちを感じているとき、脳の側座核という場所で快楽物質「ドーパミン」が分泌されています。ドーパミンが分泌されると、もっとその行動をとりたくなります。強化の作用です。スカイダイビングやバンジージャンプが好きな人は、「クセになる！」と何度も行うのはこのためです。

イヌの脳は人間ほど複雑にはできていませんが、基本は同じです。なにかをなめると安堵の気持ちを感じ、ドーパミンが分泌されて、その繰り返しで行動が強化されます。グルーミングを過度にするイヌは、「クセ」になっています。

このクセをやめさせるため、なめる場所へ苦い味の食べ物を塗ったり、叱ったりすることで「一時的に」やめさせることはできますが、飼い主の姿が見えないときになめたり、隠れてなめたりするので、まず根本的な解決にはなりません。

なお、常同行動と判断する前に、イヌが「飼い主の気を引くためにやっていないか」を見極める必要があります。ふだん、飼い主にあまりかまってもらっていないイヌは、「なめちゃダメ！」と叱られることで注意を引こうとすることがあるからです。これは常同行動ではありません。

●欲求不満の解消で「常同行動」も解消

ジェイクは毎日、1日2回、1時間ほどの散歩をしてもらっていました。たまに飼い主が引っ張りっこをして遊んだりしていましたが、活動的なジェイクにとって、それだけでは不十分だったようです。ジェイクは、ゴールデン・レトリバー特有のモーターパターン（イヌが生まれつきもっている特徴）をもっています。イヌは自分のモーターパターンを発揮する機会がないとストレスを感じてしまいます。

ジェイクは、飼い主の手をしょっちゅうくわえようとしていました。狩りの獲物を回収するために改良されたゴールデン・レトリバーには、獲物を探してくわえるという行動がほかの犬種より強化されているからです。しかし、本当に狩りに連れていくわけにもいかないので、「探してくわえる」という行動は、ボール遊びで代用しました。

また、いつもの散歩に加え、飼い主にボール遊びをしてもらうことにしました。このボール遊びを、散歩に15分ほど加えるだけで、ジェイクはイヌの本能が満たされ、飼い主との絆も深まりました。ボール遊びをするときには、おすわりや伏せなど軽いトレーニングを入れたりして、ジェイクの生活はゴールデン・レトリバーとして健全で刺激のあるものに変わってきました。

すると、必死でなめて飼い主の声に耳を傾けることもないほどだったジェイクは、ほとんど前足をなめなくなりました。たまになめようとしますが、飼い主が「ノー」という言葉に耳を傾ける余裕があり、なめる機会も減ってきました。1カ月もするとすっかり前足をなめることはなくなりました。

5-10 事例——リードをやたら引っ張ります

名前●なな（♀）

犬種●ゴールデン・レトリバー

年齢●2歳8カ月

散歩中にイヌがリードを引っ張って、転んでケガをした……大型犬だけでなく、小型犬であっても、引っ張った拍子にリードが絡まったり、驚いて転んでしまうことはあります。飼い主がケガをして散歩に行けなくなったイヌはストレスがたまり、次々問題行動を起こしはじめる……。飼い主にとってもイヌにとってもたまったものではありません。こんな事故が起こらないようにイヌの「引っ張り癖」は予防しましょう。

ゴールデン・レトリバーのななは、体格がよく、高齢で小柄な飼い主にとって散歩はひと苦労です。軍手をしてリードを引っ張りますが、ほとんどななに引っ張られる状態で散歩に行きます。

ななはもともと飼い主の息子さんが飼っていましたが、仕事の事情で引っ越し、飼い主のもとにやってきました。飼い主は大型犬を飼ったことがなかったので、ななのリードを引っ張る力の強さに驚きます。先日は、引っ張られてついに転倒、手の骨を骨折。以来、飼い主は「散歩に行ってまた転んだらどうしよう」と怖くなり、散歩できなくなってしまいました。

散歩に行けなくなったななは、ストレスをため、自身の手をなめ続ける常同行動が起こってしまったのです……。

●引っ張られたらその場から動かない

イヌがリードを引っ張るのは、たんにリードをつけての正しい歩き方を知らないだけです。散歩で外にでられれば当然うれしいので、どんどん先に進みたくなり引っ張ります。

ここで飼い主が引っ張られるままに自分も前に進むと、「引っ張るほど前に進めるのか」と学習して、ますます引っ張るようになるのです。ほかの問題行動と同じように、**イヌにとって利点があるから引っ張る**のです

ちなみに「イヌがリードを引っ張るのは、自分のほうが偉いと思っているから」という人がいますが、そんなことはありません。この思い込みは、「狼の群れ」の様子をもとに唱えられたものです。狼は見知らぬ土地で、ボスが様子をうかがうため先導しますが、ふだんの活動範囲では、常にいちばん前を歩くとはかぎりません。

いばっているわけではない

リードを引っ張るのは「自分のほうが偉いと思っているから」……ではない

飼い主を無視して引っ張るのをやめさせるには、イヌが引っ張ったら歩くのをぴたっとやめ、引っ張るのをやめたら歩きだすのが効果的です。これを繰り返すと「引っ張っても前に進めないのか」と学習して引っ張らなくなります。ななもこの方法で、3回目の散歩からは、まったく引っ張らなくなりました。タイミングが難しいという方には、「ジェントルリーダー」(5-12参照) がおすすめです。

なお、「イヌが先に進んだらリードを引っ張る」という方法はおすすめできません。小さいころ、兄弟や友達とおもちゃの取り合いになったことはありませんか？　遊んでいる最中、誰かにそのおもちゃを引っ張って取りあげられそうになったら、引っ張り返したことでしょう。イヌだって、進みたい方向とは反対側に引っ張られたら引っ張り返してしまいます。

早く遊びに行きたいだけ

リードを引っ張るのは「引っ張れば前に進めるから」である。飼い主が「待ちなさい、こら!!」といっても、ズルズル引きずられてしまえば無意味

5-11 クリッカートレーニングってどんなトレーニングなの?

「クリッカートレーニング」は、イヌが「学ぶ」モチベーションを上げながら、ゲーム感覚で飼い主も楽しんで学習ができるトレーニング方法です。欧米ではイヌだけではなく、イルカやシャチ、象のトレーニング、人間のトレーニングにもクリッカートレーニングを利用しています。

最近、「クリッカートレーニングを愛犬に試したが、クリッカーの音に反応しないし、正しい使い方もわかりません」と相談を受けました。

「クリッカー」は、押すと「カチッ」と音がでる道具です。クリッカートレーニングは、この音とよいこと(おやつ)を条件づけ、行うトレーニング方法です。クリッカーの音がイヌに「いまの行動は正しいよ」と知らせ、「次にいいことがやってくるよ!」というサインにもなります。これによりイヌの行動を強化します。ちなみに、イヌはクリッカーの「カチッ」という音を好きなわけではなく、条件づけしなければイヌにとってまったく無意味な音です。

●音で正しい行動とわからせる

クリッカートレーニングでは、イヌを私たちがイヌにとってほしい行動へと導きます。行動学で「シェイピング(反応形成)」といいます。シェイピングは、最終的なゴールを決め、それに向かって段階を踏みながら、イヌの行動を強化していくことです。

たとえば、「ボタンを押す」「片手を上げる」といった複雑な行動や細かい作業を教えるときや、「一応できてるけど……」といった行動（たとえば少し腰が浮いてしまっている中途半端なおすわり）を「完璧」にするときなどに、クリッカーでシェイピングします。クリッカーは、イヌの細かい動作1つひとつに「正しい」と合図できるので、イヌに正しい行動を伝えやすいのが特徴です。

ただ、「正しい」と伝えるタイミング——クリッカーを鳴らすタイミングがとても大切です。少しでもタイミングがずれると、イヌは混乱してしまいますから、イヌがまさにその行動をとっている瞬間にクリックするのが重要です。

●イヌに電気を消してもらうこともできる！

クリッカーを使うと、手足が不自由な人を助ける「介助犬」がやっているような「電気スタンドのひもを引っ張って電気を消す」といった行動を、愛犬に教えることさえできます。簡単に解説しましょう。

1 クリッカートレーニングを始める前に、クリッカーを鳴らしてから「おやつ」をあげて、「クリッカーの音がするといいことがある！」と学習させます（クリッカーとおやつの条件づけ）。

2 イヌが電気スタンドに一歩でも近づこうとしたらクリックしておやつを与えます。「ん？　なんだかよくわからないけど、おやつをもらえた！」と思ったイヌは、その後、試行錯誤して、いろいろな行動をとります。

3 電気スタンドから離れたり、おすわりなど「電気スタンドのひもを引っ張ること」と関係ない行動をとっても無視します（クリッカーを鳴らさない）。逆に、電気スタンドに1歩でも近づく、電気スタンドのにおいをかぐ、などゴールに関係ある行動を少しでもしたらクリックしておやつを与えます。そして、「ひもをくわえる」「ひもを引っ張って電気を消す」という行動までもっていきます。

4 ひもを引っ張って電気を消す頻度が高くなってきたら、まさにその行動をとろうとする瞬間に「キュー」をつけます。キューは、イヌにとってほしい行動の「名前」です。キューとして好ましいのは短くてはっきりした言葉です。この場合は「電気」でも「ライト」でもよいでしょう。次からは、あなたが「電気」というと、イヌが電気スタンドのもとへ走っていって電気を消すでしょう。

●クリッカーの音がご褒美になる

ここで、「クリッカーを鳴らすたびにおやつを与えなければいけないのでは？」という疑問をもつ人がいるかもしれません。最初は効率的に物事を学習させるため、「1クリック→おやつ」が基本ですが、クリッカーのエキスパート犬ともなるとそんなことはありません。

クリッカーの音とよいことが関連づけられ、さまざまな課題にとりくんできたイヌは、クリッカーの音を聞くだけで「ご褒美」になるのです。人間は、物事がうまくいったとき「できた！」という達成感で喜びを感じますが、イヌも同じです。「できた！」と感じると、達成感が行動を強化します。クリッカーの音が鳴ることで、わくわく感を感じて楽しみにするようになるのです。

段階が進んでいくと、実際のおやつよりもクリッカーの音のほうがずっと魅力的になります。あるミニチュアシュナウザーは、ゲーム感覚で毎日決まった時間にクリッカートレーニングをしていますが、時間になると、勝手にクリッカーを机の上からもってきて飼い主の目の前に落とし、キラキラした目で見つめるそうです。「早くクリッカートレーニングしようよ！」というように。

クリッカートレーニングの様子

クリッカーを使用すると、飼い主の「見て！」といったアイコンタクトが簡単にできる

5-12 ジェントルリーダーってなに？

名前●アキ（♂）

犬種●柴犬

年齢●2歳

柴犬のアキは、散歩のときものすごい勢いでリードを引っ張ります。飼い主は「引っ張らないで！」と叱りますが、まったく無視。飼い主は転ばないように必死です。飼い主の小学生のお孫さんはアキが大好きで、「散歩に連れていきたい」といいます。でも、危なくてとてもリードをもたせることはできません。

あるしつけの本に「チョークチェーンを使うと引っ張らなくなる」と書いてあったので試しましたが、あいかわらず引っ張るし、いまではリードをつけるために首輪をつかもうとすると、飼い主の手に咬みつこうとします……。

「チョークチェーン」や「ハーフチェーン」は、「イヌがリードを引っ張ると首が絞まるから引っ張らなくなる」といううたい文句で、いまだに多くの日本の訓練士や飼い主が使っています。しかしその効果はさまざまで、なかにはチョークチェーンをしている部分の毛が抜けたり、首や気管を痛めてしまうこともあります。

アキもチョークチェーンの痛みを感じ、飼い主が首輪に触ろうとすると、自分の身を守るため飼い主を攻撃するようになったのです。ペットの先進国、英国では、チョークチェーンは「残酷な道具」として、あまり使用されなくなりました。

しかも、もっと効果的でイヌにやさしい道具があります。それが「ジェントルリーダー」です。

●イヌにも飼い主にもやさしい道具

ジェントルリーダーは、イヌの頭をコントロールして、どんな大きなイヌでも操れる道具です。馬の手綱のようなものです。一般的な首輪やハーネスにつけたリードは、イヌが自分の全体重をかけて引っ張れますが、ジェントルリーダーをつけたイヌがリードを引っ張ると、馬の手綱のように、イヌの鼻先が飼い主のほうを向き、体もついていく仕掛けになっています。そのため、ふつうのリードのように引っ張り続けられません。

イヌはジェントルリーダーをつけていてもふつうに動け、呼吸もハアハアすることもできます。食べたり飲んだりすることも可能です。しかもチョークチェーンのような苦痛はありませんから、じょうずに慣らせば、喜んでジェントルリーダーをつけるようになります。

ジェントルリーダーは、イヌをリラックスさせる効果もあります。ジェントルリーダーは、イヌの目のすぐ下と首の後ろに装着します(223ページの図を参照)。イヌの目のすぐ下のマズル部分は、イヌ同士で遊んでいる子が興奮しすぎたとき、首の後ろは母イヌが子イヌを安全な場所へ移動させるときに軽くくわえる箇所です。子イヌは母イヌのこの行動で落ち着きを取り戻しリラックスします。「リラックスのツボ」ともいえますが、ジェントルリーダーはこの2カ所のツボを軽く刺激するつくりになっているので、正しく装着したイヌはリラックスします。そのため、トレーニング中も散歩中も、アイコンタクトをとりやすくなります。

ジェントルリーダーは、日本でも見かけるようになりましたが、残念ながら誤った使用方法や装着方法をしている人がたくさんいます。誤った使用方法の具体例は以下のようなものです。

1 そもそも装着方法を間違っている
2 無理矢理装着しようとして、イヌが嫌がっている、咬もうとする
3 本来リードをピンと張る必要はないにもかかわらず、リードを引っ張る

ジェントルリーダーは正しく使うとイヌにとてもやさしい道具ですが、知らない人から見ると、「口輪」のように見えるので、「あのイヌ咬むのかしら？」「かわいそう……」という人もいます。どうしても人の目が気になるなら、毛色に似た製品を選んで使えば目立ちません。

さて、アキはその後、ジェントルリーダーをつけるようになり、いまでは小学生のお孫さん1人でも散歩に行けるそうです。リードをつけるときに、咬もうとすることもありません。

ジェントルリーダーの取り扱いには力がいらないので、お年寄りでも子どもでも使えます。ぜひ、正しい使用方法を訓練士さんや行動の専門家に教えてもらって楽しく散歩してください。

よくあるジェントルリーダーの間違った使い方

装着の仕方が違う

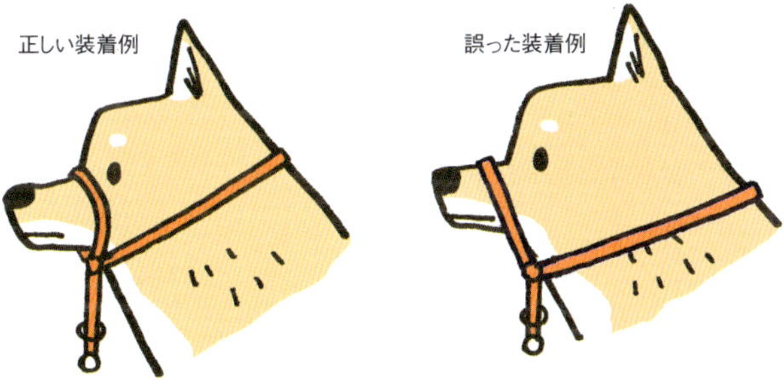

首の後ろにかける位置が不適切だと、「V字」になるはずが「L字」になってしまう。この間違いは本当に多いので要注意

ピンと張っている

ジェントルリーダーは「J字」にたるませて使う。ピンと張ってはダメ

5-13 問題行動は薬で治るの？

名前●ジャズ（♀）

犬種●スタッフォードシャー・ブル・テリア

年齢●7歳2カ月

スタッフォードシャー・ブル・テリアのジャズは、共働きの飼い主夫婦と暮らしていましたが、奥さんが体調を崩し、しばらく家で休養していました。しばらくして奥さんの体調はすっかりよくなり、仕事に復帰しました。ところが、奥さんが仕事にでかけると、ジャズは家で鳴き続け、家中に粗相もしています。以前は平気だったにもかかわらずです。

動物病院へ連れていくと獣医師が抗不安薬を処方してくれましたが、高齢になりつつあるジャズへの薬の副作用や、一生薬を飲ませなければいけないのかと、不安を感じています。しかも最近、ジャズは元気がなく無気力で、まるで人間の「うつ病」のようです。

さて、イヌもうつ病になるのでしょうか？　結論からいえば、イヌも心の病気にかかります。人間同様、向《こう》精神薬もあり、脳内の神経伝達物質の分泌量を変えて、不安を取り除いたり、気分を落ち着けたりします。

うつ病の人は、健康な人に比べて脳の神経伝達物質、セロトニンの分泌量が減っています。沈うつ状態のイヌの脳は、人間と同じようにセロトニンの分泌量が少ないことが研究でわかっています。刺激がなく、ストレスがたまる環境に置かれているイヌは、この沈うつ状態にあるケースが多く見られます。

●薬の使用は慎重に

しかし薬を使うときは、イヌの心がどういった状態なのかをしっかり判断する必要があります。たとえば、常に興奮状態にあったイヌに抗不安薬を与えたところ、状況が悪化した場合がありました。この場合の興奮は、「沈うつ状態による興奮」で、抗不安薬によってはムードを低下させてしまい逆効果なのです。もともとムードが低下して沈うつ状態なのに、抗不安薬が追い打ちをかけてしまったのでした。

イヌの攻撃行動にも薬が使われることがあります。抗興奮剤や抗不安薬が用いられることもあります。攻撃行動を抱えているイヌは、沈うつ状態にあることがほとんどです。

英国では行動カウンセラーが精神状態を分析し、獣医師にどの薬を処方すればよいか、アドバイスすることがあります。筆者らは、基本的に行動カウンセリングで薬の使用をすすめることはあまりありません。特に攻撃行動にはいっさい使用しません。脳内の神経伝達物質の分泌量は、イヌの心の状態を改善することで変えることもできるからです。イヌに刺激や毎日の楽しみを増やすほど、飼い主が努力するほど、イヌの心の状態はみるみるよくなります。

●薬はあくまでもきっかけにする

忘れてはいけないのは、薬はあくまでも一時的に使用するものということです。薬を服用している間は問題行動が治まるかもしれませんが、薬が切れたらもとに戻りますから、根本的な解決にはなりません。

たとえば、雷におびえるイヌに、雷が鳴るたび抗不安薬を処方すれば、おびえないかもしれませんが、薬をもっていない旅先などで突然の雷にあったら困るでしょう。分離関連障害を抱えるイヌに、抗不安薬を与えると落ち着くかもしれませんが、たった1時間家を空けるのにも薬を与えるとしたら、大変な回数と量になり非現実的です。

筆者は、薬はあくまでも問題行動を治すために短期間、「きっかけ」として使用するのにとどめるべきと考えます。薬は、**パニックになっているイヌの症状を一時的に抑え、イヌが落ち着いて状況を判断して正しい行動を学習できるようにするために使う**のです。イヌの行動の修正は、心に余裕をもたせたところで初めて可能になるからです。また、どんな薬にも副作用があることを忘れてはいけません。

前述のジャズは、獣医師に「**クロミプラミン**」というムード向上効果もある抗不安薬を処方してもらいました。同時に行動治療も行い、その結果、1匹で留守番もできるほど元気になりました。

なお、薬を処方できるのは、英国でも日本でも獣医師だけです。ですから英国では、行動カウンセラーがイヌの精神状態や心の状態をしっかり把握したうえで獣医師に状態を伝え、獣医師が最適な薬を処方するという連携プレーが行われます。

COLUMN5

フェロモン療法ってなに?

名前●ミラ(♀)
犬種●ニューファウンドランド
年齢●4歳

ニューファウンドランドのミラが、保護施設から新しい家庭に迎え入られました。新しい環境なのでミラは不安そうにしています。すると、獣医師に「D.A.P.(Dog Appeasing Pheromone)」というフェロモンをすすめられました。

フェロモン療法は、イヌの行動、ムードを変えるために欧米ではよく用いられています。イヌの場合、フランスのビルバック社が開発したD.A.P.が使用されます。コンセントに差して使うディフューザータイプや、首輪タイプ、スプレータイプがあります。日本では現在販売されていませんが、個人で輸入できます。

D.A.P.は、授乳中の母イヌの乳腺周辺から抽出された天然のフェロモンです。子イヌだけでなく、オス・メスを問わず、成犬にも効果があるとされています。天然抽出物なので副作用もないため、安心してイヌに使用できます。

行動療法では、分離関連障害の問題を抱えているイヌや、沈うつ状態にあるイヌの問題行動を治療する前に、ムードを整えるためにD.A.P.を使うこともあります。そのほか、子イヌを新しい環境に迎え入れるときや、獣医師のもとに預けるとき、イヌがドライブで緊張するようなときに使うのも効果的です。

ミラの新しい家庭でも、コンセントに差して使うディフューザータイプのD.A.P.を部屋に設置すると、すっかり落ち着いた様子になりました。

COLUMN6

インターフォンが鳴ると吠えて困ったら？

インターフォンが鳴ると玄関にダッシュして吠え続けるときは、飼い主が「玄関に行き、伏せて待つ」という、正しい行動を教えてあげましょう。まず「伏せ」をちゃんとできるように練習します。伏せはイヌにとって吠えにくい体勢です。

「伏せ」ができるようになったら、次は「玄関で伏せる」練習です。ふだんから散歩から帰って足をふくこと、リードをつけ外しするために玄関で伏せをすることを、習慣づけておくといいですね。イヌが「玄関！」や「ドア！」などの言葉を聞いたら、玄関に行って伏せをするように練習します。玄関で伏せができるようになったら、次は「インターフォン」の音と「玄関！」という言葉を関連づけます。家族や友人などの力を借りて、インターフォンを鳴らしてもらいます。インターフォンが鳴ったら、飼い主は「玄関！」といって、イヌに玄関で伏せをするように指示をだします。

そしてここが肝心。このとき、イヌが喜んで興奮するごほうびは「お客さん（の登場）」です。最初は、ドアを開けてお客さんが見えると、すぐに立ち上がって伏せをやめてしまうでしょう。ですからイヌが伏せをやめて立ち上がったら、すぐにドアを閉めてお客さんとの接触を断ちます。お客さんが見えなくなってイヌが伏せの体勢に戻ったら、ドアを開けてお客さんに入ってきてもらいます。「立ち上がる」→「ご褒美がなくなる（お客さんがいなくなる）」、「伏せている」→「ご褒美がもらえる（お客さんに挨拶できる）」の要領ですね。

これを練習して、お客さんが入ってきても伏せをしたまま立ち上がらなくなったら、飼い主は「よし！」の言葉をかけ、「お客さんにあいさつしてもいいよ」と伝えます。これができるようになると、忍耐強く伏せができるようになるので、イヌの苦手なお客さんがきたときにも役立ちます。

第6章

イヌを飼う前に大切なこと

6-1 イヌは「買う」ではなく「飼う」ものです

ここまで読み進めていただいた方のなかには、もしかすると、これからイヌを購入しようと考えている方がいるかもしれません。もしあなたが、イヌを一度迎え入れることを決めたら、イヌが必要としているもの——食べ物や運動だけでなく——社会的な接触や、日々の刺激を与えなければいけません。そうでなければ、あなたは問題行動に悩まされるはめになります。この問題行動は、イヌのニーズを十分に満たせなければ、当然起こりうる「正常な行動」でもあるのです。

イヌを飼った理由を聞かれると、「ペットショップでこの子と会ったときに一目惚れで運命を感じました！」という方がいます。でも、私は「一目惚れ」でイヌを飼うのは反対です。イヌは生き物だからです。一目惚れして買った服は、気に入らなければ「やっぱりいらない！」とタンスの肥やしにしたり、捨てたりできますが、イヌでは許されません。

一目惚れして子どもが買ってきたダックスフンドを実家の両親が世話するはめになった、一目惚れしてお父さんが飼ってきたジャック・ラッセル・テリアをイヌ嫌いのお母さんが世話している、といった方に、私はいままでたくさん出会ってきました。

確かに「運命の出会い」はあるかもしれませんが、「しぐさがかわいかった」とか「見た目がかわいい」「頭がいいから」「はやっている犬種だから」といった理由で安易にイヌを飼おうするのはとても危険です。イヌは「買う」のではなく「飼う」「いっしょに暮らす」

飼う前にイヌの気持ちになって!

安易にイヌを飼い始めて、飼い主もイヌも不幸になるケースは多い。飼う前には、「自分は本当に飼っているイヌが息を引き取るまで、何年(十何年)もちゃんと飼えるのか」よく考えてほしい

ものです。

「癒しが欲しいからイヌを飼いたい」

あなたはイヌに癒してもらえますが、あなたはイヌを癒していますか？　イヌが必要としている遊びや散歩をきちんとしていますか？

「毎晩仕事で忙しいから、週末に公園でイヌと遊びたい」

あなたは毎晩遅く帰ってくるけれど、その間イヌはずっとあなたを待っています。イヌに週末はありません。あなたがいない間、イヌの気持ちを考えたことはありますか？

「旅行に行くときはペットホテルにイヌを預ければいいよね」

イヌはあなたが「旅行に行く」とは知りません。知らない場所に連れていかれ、急に飼い主がいなくなった状態で1週間過ごすのはどんなに不安でしょうか？　イヌを飼う前に、自分の生活をもう一度見直してください。5年後、10年後の未来を考えてください。あなたはイヌを飼う覚悟がありますか？

6-2 飼うときは犬種の違いもよく考えて選びましょう

犬種の違いを考えずに選んではいけません。大きさ、毛質、運動量といった身体的な違いから性格まで、その犬種特有の性質はさまざまです。イヌの直接的な祖先は、約1万5,000年前に東アジアに生息していた「タイリク狼(Canis lupus)」といわれています。人間はその狼を「狩りのお供」「村の家畜を守る番犬」などとして家畜化してきたようです。

その後、人間は、現在まで数百年をかけていろいろな犬種をつくりだしてきました。日本のジャパンケネルクラブには146犬種、英国のザ・ケネルクラブには196犬種が登録されています。

イヌは、人間のいろいろな目的に合わせて改良されてきました。家畜の監視や誘導を目的として改良されてきた牧畜犬、狩猟を目的に改良されてきたテリア、獲物を追わせるために改良されてきたハウンド、ペットとしての愛玩犬……。改良目的が違えば、性格や性質も多種多様です。

●トイ・プードル

「毛が抜けにくく頭がよくて飼いやすい」人気犬種で、よく「初心者向けのイヌ」といわれています。しかし、頭がよいので飼い主の反応をよく見ており、よいことだけでなく、悪いことを学習するのも得意です。さらにとても甘えん坊なので、仕事で忙しい1人暮らしの人のもとでは、十分に注意を払ってもらえず、要求吠えや、飼い主に対する攻撃行動といった「問題行動」が起きやすい犬種です。

トイ・プードルは甘えん坊

近年とても人気がある犬種の1つだ

●チワワ

小さくて愛らしい外見から、めんどうを見やすいと思われがちですが、気が強くてよく吠えます。いっしょに暮らしている大きなグレート・デーンに大いばりしているチワワに会ったこともあります。そのグレート・デーンときたら、チワワに自分のおもちゃを差しだしていました。チワワは小さいため、いたずらをした際など、ついつい抱っこをして問題を解決しようとしがちです。しかしこの結果、「抱っこをされまい」と、咬み癖がついてしまうチワワもいるので注意が必要です。

●ビーグルやダックスフンド

狩りの猟犬として改良されてきたので、獲物を追いつめたり、見つけると吠えて知らせたり、威嚇します。狩りに使われなくなったいまでも、大きくてよく通る声は変わりません。そのため、集合住宅に住んでいる飼い主は、やたらに吠えないよう注意しなければいけません。特にダックスフンドは、穴にもぐってアナグマを追いだす役目があったので、穴を掘るのが大好きです。この習

イヌはいろいろな目的に合わせて改良されてきた

ハーディング(牧畜犬)

コーギー……牛を追う

ボーダー・コリー……羊を誘導する

テリア(小狩猟犬)

ヨークシャー・テリア……ネズミを狩る

ジャック・ラッセル・テリア……キツネを追う

ハウンド(追跡形猟犬)

ブラッド・ハウンド……においをかいで獲物を追跡する

アフガン・ハウンド……獲物を見つけて追いつめる

トイ(愛玩犬)

ペキニーズ

マルチーズ

性をじょうずに発揮させてあげないと、ソファやじゅうたんがボロボロになりかねません。

●ポメラニアン

そり引きのイヌを小型化した犬種だといわれています。好奇心旺盛で活発な犬種ですが、神経質な一面もあります。一度怖いと感じたものには執拗に怯えます。その結果、吠えたり、攻撃的になることもあるので、子犬のころから細心の注意を払いながら、いろいろな人やイヌ、物にふれ合わせ、慣れさせることが必要です。

●ヨークシャー・テリア

見かけは優美ですが、もとはネズミなどの害獣駆除のために改良された犬種です。活発で遊び好きですが甘えん坊です。警戒心も強いため、見慣れないものを見ると吠えてしまうこともあり、子イヌのころから十分な社会化が必要です。探究心も強いので、日々の生活で刺激を与え、ぬいぐるみのようなおもちゃで捕獲行動を満たす遊びをしてあげましょう。

●柴犬

もとはイノシシ狩りにも使用されていた狩猟犬です。現在は愛玩犬として飼育されていますが、昔から根強い人気を誇る日本原産の犬種です。一度主人と認めると、とても忠実で従順ですが、独立心が強く、常にべたべたする甘えん坊ではありません。屋外で番犬としてつながれている様子をよく見ますが、本当は活動的なので、忍耐力にすぐれているものの、狩猟本能を満たす刺激を与えないと、小さな子どもや動物を追いかけたり、吠えたりする問題行動がでることがあります。

柴犬は独立心が強い

独立心が強いが、信頼関係ができると従順で忠実だ

●ボーダー・コリー、ウェルシュ・コーギー・ペンブローク

牧畜犬（牛追い犬）として改良されてきたので、エネルギーに満ちあふれています。単純な散歩だけでなく、移動のとき動かない牛のあとを追って、後足に軽くかみつくという牛追い犬の特性を生かしたスポーツ（例：フリスビー）をしないと、走り回る子どもの足や人の足に咬みつくような問題行動もでてしまいます。

●ジャック・ラッセル・テリア

体高30～36cm、体重6～8kgとさほど大きくありませんが、運動量や遊び好き度は、活発な大型犬と同じくらいです。

このように犬種特有の性質を理解し、存分に発揮できる場を設ければ、問題行動を未然に防げます。「人は見かけによらぬもの」といいますが、「イヌも見かけによらぬもの」です。飼う前に、犬種の違いをはっきりと知り、あなたの性格、生活環境、ライフスタイルを見直したうえで、自分に合った犬種を選びましょう。

6-3 飼うときはイヌと自分の年齢も考慮に入れて

日本では、イヌはペットショップやブリーダーから購入するのが一般的ですが、英国や米国では保護施設（シェルター）から引き取るのが一般的です。もちろん子イヌだけではなく成犬もいます。保護施設にいるイヌは、性格も把握されている場合が多く見られます。

日本では子イヌから育てたいと考える人が多いのですが、そのぶんしつけは大変ですし、活動力にあふれているので飼い主の側にも体力が必要です。ある私のクライアントのご両親は、トイ・プードルの子イヌを購入したものの、世話しきれずに、娘さん（クライアント）に託さざるを得ませんでした。

イヌの犬種や性別だけでなく、年齢を考慮することも大切です。たとえば同じトイ・プードルでも、5カ月のトイ・プードルと9歳のトイ・プードルでは、日々の活動量も性格もまったく異なります。

筆者は、イヌの問題行動をカウンセリングしていますが、クライアントがどんなイヌと合うのか、という適正カウンセリングもしています。

以前、ご主人を亡くした年配の方で、「1人で暮らしているけれども、寂しいのでイヌを飼うかどうか迷っている」という方にお会いしたことがあります。小さいころからずっとイヌと暮らしてきたそうですが、自分も年をとり、世話が十分にできるか心配とのことでした。

このケースでは、子イヌを引き取るのではなく、9歳のシーズーを保護施設から引き取ることにしました。そのシーズーはおと

相性ばっちりなケース

アクティブな30代男性
「さぁ、公園でフリスビーだ」
ジャック・ラッセル・テリア（1歳）
「わーい、遊ぼう！　フリスビー大好き！」

子どもがいる家族
ゴールデン・レトリバー（3歳）
「子ども大好きだよ」

70代のおばあさん
シーズー（9歳）
「おひざの上でゆっくり寝たいな」

相性が合わないケース

いつも留守がちなフルタイムで働く
20代の女性
活発で甘えん坊なプードル（1歳）

外は嫌いでインドア派の男性
アクティブに外で遊ぶのが好きな
ボーダー・コリー（1歳）

「頭がいいからしつけやすい」という思い込みで選ぶのは危険

なしく、トイレのしつけもよくできていて、ふだんはよく寝ています。あまり外にでることがなかった飼い主も、家の近所の散歩にシーズーを連れていくことが多くなり、外にでる機会が増えたと喜んでいました。

シーズーも保護施設からやってきたときはなんとも寂しそうな顔をしていましたが、落ち着いた暮らしを飼い主と送ることができて、とても幸せそうな顔つきになりました。まさしく相性ばっちりのコンビです。

日本には欧米諸国のような保護施設はあまりありませんが、いわゆる保健所などからイヌを引き取るという考えが生まれれば、選択肢が広がって日本の保護施設の状況も変わっていくかもしれません。

なお、2011年3月11日に発生した東北地方太平洋沖地震では、被災して世話ができなくなった飼い主のペットのために「福島県第2シェルター」が、苦境をものともせず開設されました。欧米諸国にも負けない抜群の設備を備えており、世界に誇れるシェルターです。

6-4 事例──性格は遺伝するの？

名前●メルモ（♀）
犬種●イタリアン・グレー・ハウンド
年齢●1歳5カ月

生後5カ月でブリーダーさんのもとから子イヌを引き取りました。子イヌのころからともかく神経質で、ドアが強くしまったり、雨の音を聞くだけでブルブルと震えています。ブリーダーは「親も怖がりだから遺伝したのね」といっています。性格は遺伝するのでしょうか？

答えは「半分イエス、半分ノー」です。行動学の世界では、よく「Nature（気質）vs. Nurture（育ち）」といわれます。日本でいう「生まれか育ちか？」です。しかし、ある性格が遺伝的なものか、イヌをとりまく環境によるものなのかは、はっきり切り分けられるものではありません。

3-1でも述べたように、生後約18週までの社会化と馴化（慣れ）の時期に、ほかのイヌや人、車や掃除機といった身の周りのものに慣れておかなければいけません。この時期に刺激が少なく、社会化が不十分なイヌは、新しいものに遭遇しても避けようとする傾向にあり、おおげさにおびえたりもします。

しかし、同じ親から生まれて、同じような環境で育っても、ほかの兄弟が周りを散策するのを、おびえた様子で見守っている子イヌもいます。もともと怖がりなイヌたちは、積極性にも欠けるため、新しく見るものとふれ合うことを避け、社会化の機会を逃してしまいます。

このようにイヌが怖がるのは、生まれも育ちも関係しています。とはいえ、日本で見られる「怖がりのイヌ」は、不十分な社会化や飼い主の不適切な対応が原因の場合がしばしばあります。子イヌがモチベーションを上げられるよう、子イヌのころからいろいろな刺激に(無理させずに)ふれさせてあげましょう。

イヌは生まれか育ちか?

同じ親でも子イヌの性格はバラバラ

ペットショップのケージの中で半年も暮らしているイヌは、社会化不足でなんにでも大げさに反応する。新しいものは避ける傾向にある

オートバイをおおっているビニールがガサガサいっただけでビクビク

ドアがバタンとしまっただけでビクビク

6-5 事例――去勢したのに問題行動がなくならない！

名前●アンディ（♂）
犬種●イングリッシュ・コッカー・スパニエル
年齢●1歳6カ月

「去勢したら落ち着いておとなしくなる」「去勢したら子どもやほかのイヌにやさしくなる」――そんな話を聞いたことはありませんか？　どれが本当？　残念ながら全部間違いです。

アンディは、もともと飼い主やほかのイヌに攻撃的でした。飼い主は「去勢をしたらおとなしくなる」と聞いたので、アンディが8カ月のとき去勢しました。ところが「攻撃的なのはあいかわらずだし、ほかのイヌには前よりも攻撃的になった気がします。去勢すると問題行動が解決すると思っていたのですが……」と飼い主は肩を落としました。

野生の世界では、オスはメスをめぐってオス同士で競い合い、繁殖して子孫を残していきます。争いに立ち向かえる自信をつけ、戦って、子孫を残すのに、（雄）性ホルモンのテストステロンは欠かせません。そのため多くの獣医師やイヌの専門家は、「テストステロンは攻撃行動の原因で、テストステロンを生みだすもとを取り除けば攻撃行動は起こらない」と信じて、飼い主に去勢をすすめてきました。

しかし去勢すればオスイヌの攻撃行動が解決するとはかぎりません。米カリフォルニア大学のベンジャミン・L・ハート博士は、次のように述べています。

- 90%の割合で「徘徊」が解消
- 60%の割合で「マウンティング」が解消
- 60%の割合で「オス同士の攻撃」が解消
- 50%の割合で「室内のマーキング」が解消

徘徊は高い割合で解消しますが、そのほかの行動は解消されるとはかぎりません。「去勢したらイヌがおとなしくなる」というのは、多くの飼い主がいまだに信じている神話です。

アンディの場合、社会性を得る機会を逃しており、もともと怖がりということもあり、ほかのイヌに攻撃的なのは、自分の身を守ろうとする恐怖から生まれる「防御性の攻撃」でした。そんな怖がりのアンディは、去勢で自信の源でもあったテストステロンを生みだすもとを取り除かれたため、さらに怖がりになってしまい、ほかのイヌにさらに攻撃的になってしまったのです。飼い主への攻撃行動は、飼い主がアンディにマズルコントロールを繰り返していたことが原因だったので、去勢をしても飼い主に対する攻撃行動は変わりませんでした。

このように、去勢で問題行動が解決するどころか、少しずつついてきた自信を奪い去り、問題行動が悪化することもあるのです。

2歳前後での去勢が効果的

とはいえ、去勢には望まない交配や生殖器周辺の病気を防ぐ、性的なストレスを減らすといったメリットがあります。繁殖を希望しないなら去勢はおすすめです。肝心なのは去勢をするタイミング（年齢）です。以前は「去勢手術は子イヌのころにしたほうがよい」という考え方が主流で、生後6カ月ごろの去勢が推奨されてきました。ある米国の州では義務づけられているほどです。し

なんでも去勢で解決するわけではない

室内のマーキングが解消する
割合は50%程度

マウンティングが解消する
割合は60%程度

オス同士の攻撃が解消する
割合は60%程度

去勢は「徘徊」には抜群に効果的だが、そのほかの
問題行動にはかならずしも役立つとはかぎらない

かしアンディのように怖がりなイヌは、少しずつついてきた自信を奪われ、さらに怖がりに、さらに攻撃的になってしまうことがあります。早い時期の去勢は、逆効果なこともあるのです。

去勢のタイミングとしておすすめなのは2歳前後です。

ピーター・ネヴィル博士らの研究によると、2歳前後に去勢を受けたイヌは、ほとんどの犬種で攻撃性が減る効果が最大になるとしています。2歳半を過ぎたイヌは、「戦い方」を学習ずみなので、テストステロンの影響で攻撃的なのではなく、みずからがなにかを攻撃して成功した経験を学習したことにより、攻撃行動をとることがほとんどです。そのため、去勢しても攻撃行動にほとんど変化はありません。

ちなみに去勢は、ブルテリアのように、本来、闘犬として改良され、闘争本能を「報酬」と感じるタイプのイヌにはなんの効果もありません。

ところで、「去勢なんてかわいそう！　自然のほうがいいのに……」という飼い主がいますが、そもそも、一生繁殖する機会を与えられないイヌが、私たち人間社会の中で暮らすこと自体「不自然」です。人間とともに生活する以上、去勢はその生活に適応させるために必要といえます。重要なのは去勢の時期を見極めることなのです。

6-6 事例—しつけ教室に効果はあるの？

名前●ハッピー（♀）
犬種●シェットランド・シープドッグ
年齢●9カ月

私のもとにやってきて「しつけ教室に通ったんですけど、問題行動が治らなくて……」という飼い主がいます。問題行動は、しつけ教室で解決するのでしょうか？

ハッピーは、生後5カ月でペットショップから飼い主のもとにやってきました。どうやらそれまでイヌとふれ合う機会がなかったようで、ほかのイヌを怖がります。そこで飼い主は私のもとにくる1カ月ほど前から、しつけ教室に通いはじめました。ところがハッピーは、たくさんの飼い主とイヌがいる教室でパニックになってしまい、それ以来、いっそうほかのイヌを怖がるようになってしまいました。飼い主は、しつけ教室に通えばイヌに慣れると思っていたのでがっかりです。

●適切な「しつけ教室」を選ぶ

ひと口に「しつけ教室」といっても、「個別レッスン」「グループレッスン」などいろいろなタイプがあります。ハッピーのように特定の問題行動を抱えているイヌの場合、グループレッスンで問題行動を治すのは困難です。グループレッスンのしつけ教室だと、教室の方針があったり、参加者が多いので個別の希望をきめ細かく拾い上げるのも難しくなるからです。グループレッスンでは、飼い主が「問題行動が治った」と感じるレベルにはなかなか達しないようです。

あるイヌが「ほかのイヌを怖がる」という問題行動を抱えている場合、社会性によるものなのか、特定のイヌだけ怖いのか、でも違います。「怖がり度」も異なります。問題行動を治すには、**イヌそれぞれが抱える問題行動の原因やその度合いを把握**しておかなければなりません。

飼い主の目標（ゴール）も、「ほかのイヌがいるドッグカフェで落ち着いていられる」だったり、「道でほかのイヌとすれ違っても吠えないようにする」だったりとさまざまです。

まずは愛犬の問題行動を見極め、目標を定めるためにも、しつけ教室の個人面談や行動カウンセリングを受けることをおすす

無理をさせるのは禁物

ショック療法のようなフラッディングは、かえって逆効果となり、恐怖心が強くなってしまうこともあるので要注意だ

めします。

●スパルタ教育はおすすめしない

なお、行動療法のなかに「フラッディング(flooding)」と呼ばれるものがあります。これはイヌを、強い恐怖を感じる場面や対象にあえてさらし、「恐怖の洪水」で恐怖心をなくさせる(一気に慣らす)方法です。前述しただんだん慣らしていく「脱感作」(99ページ参照)とは正反対の方法です。イヌを怖がるならあえてたくさんのイヌの中に放り込む、子どもが苦手ならあえてたくさんの子どもがいる公園に放り込む、といったいわゆる「スパルタ教育」ですが、私はこの方法をまずとりません。あまりに恐怖の度合いが強いと、さらに恐怖心が増すことがあるからです。

COLUMN7

イヌの探索系統を満たすコングのじょうずな使い方

コングは、イヌが備える、狩りをしたり、生存に必要なものを求める気持ち──「探索系統（探索したいという欲求）」を満たすための必須アイテムです。このコング、多くの飼い主がもっているのですが、みな、口をそろえて「うちの子、コングに興味がないんです」といいます。でも、ちょっと待ってください。使い方を間違えているのかも。コングは使い方にコツがあります。

悪い使い方 1 ：中に入れるおやつのグレードが低すぎる

イヌがあまり好きではないパンやクッキー、ガムといったおやつ（イヌの好みもありますが）を入れてしまうケースです。イヌはお肉系のおやつほど執着しないので、とれなくても「もういいや……」とすぐにあきらめてしまいます。たとえば子どもが「テストで100点をとったらWiiを買ってもらえる」（ご褒美のグレードが高い）場合と、「ケーキを買ってもらえる」（ご褒美のグレードが低い）場合では、一般的にWiiのほうが俄然、あきらめずに努力するのと同じです。

悪い使い方 2 ：最初から難しすぎる

最初からおやつをぎゅうぎゅうに詰めてしまう、もしくはなかなかでない！　これではイヌもすぐにあきらめてしまいます。人でもたとえば、初めてジグソーパズルをする人に、いきなり3,000ピースのパズルを与えたら「これは無理だろ……」と途中で挫折してしまうでしょう。最初は100ピースの簡単なもの、次に500ピース……とレベルを少しずつ上げていくように、コングも最初はすぐにでるものを与え、だんだん難しくしていくのがコツです。イヌの探索系統は、「でそうででない、でもがんばっていたらでた！」という達成感を味わってもらうことで満たされるからです。

悪い使い方 3 ：おやつがすぐにでちゃう

簡単すぎるのも問題です。これでは探索系統を満たすアイテムではなく、ただの「入れ物」(食器) になっています。「おやつがでにくいようにジャーキーなどの肉類をつっかえ棒にする」「ドッグフードにウェットのフードをからめて入れる」といった工夫をしましょう。

クライアントのなかには、なんと１時間半の長期戦にまでもち込むことができたジャック・ラッセル・テリアもいます。なんだかかわいそう？ いえいえ、活動的で好奇心の強いイヌが、寝てばかりで退屈な１日を過ごすよりも、アクティビティを与えられているほうがよいとは思いませんか？　ぜひ、イヌが頭やエネルギーを存分に使える機会を与えてください。

《参考文献》

『学習の心理』 実森正子、中島定彦/著（サイエンス社、2000年）

『心と脳の関係』 融 道男/著（ナツメ社、2005年）

『ドッグズ・マインド』 ブルース・フォーグル/著、山崎恵子/訳（八坂書房、1995年）

『心理学』 無藤 隆、森 敏昭、遠藤由美、玉瀬耕治/著（有斐閣、2004年）

『ペットと社会』 森 佑司、奥野卓司/著（岩波書店、2008年）

『Affective Neuroscience』 Jaak Panksepp（Oxford University Press, 1998）

『Aggressive Behavior in Dogs』 James O' Heare（DogPsych Publishing, 2007）

『DOMINANCE: FACT OR FICTION?』 Barry Eaton（Green Printing, 2005）

『Handbook of Applied Dog Behavior and Training Volume Two』 Steven R. Lindsay（Blackwell Publishing, 2001）

『Handbook of Applied Dog Behavior and Training Volume Three』 Steven R. Lindsay（Blackwell Publishing, 2005）

『Practical Aspects of Companion Animal Behaviour and Training』（COAPE, 2007）

『Reaching the Animal Mind』 Karen Pryor（Scribner, 2009）

『Think Dog』 John Fisher（Cassell, 2003）

『Dogs:A New Understanding of Canine Origin, Behaviour and Evolution』 Raymond and Lorna Coppinger（Crosskeys Select Books, 2004）

《校正》

曽根信寿

索　引

サイエンス・アイ新書 発刊のことば

science・i

「科学の世紀」の羅針盤

20世紀に生まれた広域ネットワークとコンピュータサイエンスによって、科学技術は目を見張るほど発展し、高度情報化社会が訪れました。いまや科学は私たちの暮らしに身近なものとなり、それなくしては成り立たないほど強い影響力を持っているといえるでしょう。

『サイエンス・アイ新書』は、この「科学の世紀」と呼ぶにふさわしい21世紀の羅針盤を目指して創刊しました。情報通信と科学分野における革新的な発明や発見を誰にでも理解できるように、基本の原理や仕組みのところから図解を交えてわかりやすく解説します。科学技術に関心のある高校生や大学生、社会人にとって、サイエンス・アイ新書は科学的な視点で物事をとらえる機会になるだけでなく、論理的な思考法を学ぶ機会にもなることでしょう。もちろん、宇宙の歴史から生物の遺伝子の働きまで、複雑な自然科学の謎も単純な法則で明快に理解できるようになります。

一般教養を高めることはもちろん、科学の世界へ飛び立つためのガイドとしてサイエンス・アイ新書シリーズを役立てていただければ、それに勝る喜びはありません。21世紀を賢く生きるための科学の力をサイエンス・アイ新書で培っていただけると信じています。

2006年10月

※サイエンス・アイ（Science i）は、21世紀の科学を支える情報（Information）、知識（Intelligence）、革新（Innovation）を表現する「i」からネーミングされています。

SoftBank Creative

science·i

サイエンス・アイ新書

SIS-238

http://sciencei.sbcr.jp/

イヌの「困《こま》った！」を解決《かいけつ》する

おやつがないと言《い》うことを聞《き》けないの？ 飼《か》い主《ぬし》を咬《か》むのはナメているからなの？

2012年3月25日　初版第1刷発行

著　　者　佐藤《さとう》えり奈《な》
発 行 者　新田光敏
発 行 所　ソフトバンク クリエイティブ株式会社
〒106-0032　東京都港区六本木2-4-5
編集：科学書籍編集部
03(5549)1138
営業：03(5549)1201
装丁・組版　株式会社ビーワークス
印刷・製本　図書印刷株式会社

ISBN 978-4-7973-6332-6

SoftBank Creative